插图本中国建筑雕塑史丛书

远古三代建筑雕塑史

史仲文——丛书主编
马洪路 刘凤书——主编

上海科学技术文献出版社
Shanghai Scientific and Technological Literature Press

图书在版编目（CIP）数据

远古三代建筑雕塑史 / 史仲文主编．—上海：上海科学技术文献出版社，2022
（插图本中国建筑雕塑史丛书）
ISBN 978-7-5439-8423-3

Ⅰ．①远… Ⅱ．①史… Ⅲ．①古建筑—装饰雕塑—雕塑史—中国—三代时期 Ⅳ．① TU-852

中国版本图书馆 CIP 数据核字 (2021) 第 181490 号

策划编辑：张　树
责任编辑：付婷婷　张亚妮
封面设计：留白文化

远古三代建筑雕塑史
YUANGUSANDAI JIANZHU DIAOSUSHI
史仲文 丛书主编　马洪路 刘凤书 主编
出版发行：上海科学技术文献出版社
地　　址：上海市长乐路 746 号
邮政编码：200040
经　　销：全国新华书店
印　　刷：商务印书馆上海印刷有限公司
开　　本：720mm×1000mm　1/16
印　　张：10.5
字　　数：156 000
版　　次：2022 年 1 月第 1 版　2022 年 1 月第 1 次印刷
书　　号：ISBN 978-7-5439-8423-3
定　　价：78.00 元
http://www.sstlp.com

CONTENTS

目录

远古三代建筑雕塑史

远古三代建筑雕塑史

YUAN GU SAN DAI JIAN ZHU DIAO SU SHI

马洪路　刘凤书

第一章

概　述

中国是一个历史悠久、人口众多、疆域辽阔的文明古国。在浩瀚的历史长河中，勤劳勇敢的华夏儿女以自己无穷的智慧创造了光辉灿烂的物质文明和精神财富，其中异彩纷呈的各民族艺术，不仅为中华民族赢得了广泛赞誉，而且成为世界文明殿堂中的瑰宝。远古暨夏、商、西周三代的建筑与雕塑艺术，是中国古代人民对全人类的杰出贡献。

远古暨三代，是中华民族各种艺术形式的产生、发展的初创阶段。各种艺术形式如绘画、雕塑、音乐、舞蹈、建筑、工艺等，犹如奇葩斗艳，蔚为壮观，又似涓涓细流，汇入大海，形成了中华民族传统文化的不息血脉。中国的建筑与雕塑艺术，与西方有明显不同的特点和各自的发展道路，这些区别在远古暨三代就已初露端倪。由于年代久远，遗存作品和遗迹不如后代那样丰富，但其无穷的魅力和越来越多的考古新发现，仍需我们深入地研究和探讨。

众所周知，历史中的决定性因素，归根结底是直接生活的生产和再生产。但是，生产本身又分为两种，其一是生活资料即食物、衣服、住房以及相关必需品和各种生产工具；其二是人类自身的繁衍。对于社会结构简单的原始氏族社会来说，居住条件和建筑思想、建筑技术的发展，是极其重要的生存要素。在我国各地日益丰富的考古发掘资料中，反映氏族、家族和家庭生活的房屋遗址很多，使我们得以比较全面地了解远古暨三代各地居民的建筑艺术；进入阶级社会的夏、商、西周三代居民住宅和王室宫廷建筑发掘较少，不过也能大体复原描绘当时殿堂亭阁的风貌，再现昔日的辉煌。

原始艺术是人类在生产实践和日常生活中通过劳动产生的，劳动创造了人本身，也创造了艺术。建筑与雕塑艺术的萌芽，产生于旧石器时代晚期，距今约3万年。当时氏族先民为了更好地生存，对适合居住的山洞崖穴进行选择和初步改造。虽然还缺少关于艺术的抽象思维，并且

山顶洞遗址

山顶洞遗址由四部分组成：洞口、人室、下室和下窨，前三部分都发现有人类化石和文化遗物，下窨只发现完整的动物化石。在山顶洞发现了三具完整的人头骨化石及其他解剖部位的化石多件，是旧石器时代晚期发现人类化石最多的遗址。

在选择洞穴时总是受到自然条件的严重制约，但从北京周口店的山顶洞人、广东封开的黄岩洞人等对居住条件的选择和利用来看，那时的人类已经讲究居室环境的舒适，有了对美的朦胧意识与追求。

在原始艺术诸门类中，建筑艺术的出现要晚于绘画、雕刻、音乐、舞蹈等。世界各地的考古发现表明，至迟在距今十几万年前的旧石器时代中晚期，人类已经在许多方面创造并表现出原始艺术思维与才能。比如利用动物的骨骼和牙齿以及五彩缤纷的贝壳、石子等制作简单的装饰品；在骨片、石片上刻画或涂画平行或交叉的几何线条以表达某种思想活动；在朝霞中或月光下、篝火旁举行有巫术色彩的集体歌舞；及至后来走出山林洞穴而搭盖简陋的窝棚；在迁徙的路途中或狩猎前后在崖洞、峭壁上涂画一些动物、人体等。艺术的产生涉及很多因素，一切艺术的萌芽不仅是形式美感赋予我们祖先的一种创造性和表现才能，也是原始氏族成员们劳动和日常生活的再现形式。可以说，随着每一个氏族成员在社会生活中参与意识和创造欲望的增强，艺术作为一种无处不在的精神力量，便已渗透到每个氏族成员的灵魂深处，从而成为一种广泛的、极有感染力的文化现象。

建筑与雕塑艺术，正是在这种文化背景下，于距今几万年前的旧石器时代晚期出现的，并随着人类社会的发展而走向成熟。

第一节
建筑雕塑的萌芽与发展

>>>

我们的祖先从旧石器时代开始，就用双手改变着周围的世界。劳动创造了人本身，也创造了人类的艺术。每一种艺术形式都有发生和发展的过程，从远古到夏、商、西周三代，正是中华民族各种艺术起源、发展和初步繁荣的阶段。建筑与雕塑艺术，如同绘画、音乐、舞蹈、工艺等艺术一样，从原始社会汇成涓涓细流，又发展到周、秦、汉、唐融入艺术的海洋。远古及三代的建筑艺术与雕塑艺术虽然没有其他艺术形式那样辉煌夺目，也没有后世建筑那样雄伟壮丽、巧夺天工，但在艺术史中仍是不可或缺的内容和篇章。

生活在旧石器时代晚期和中石器时代的原始氏族部落，由于迁徙性强，房屋建筑技术十分简单。除了追逐野兽的猎人们偶尔搭盖一些树枝茅草结构的窝棚外，大多数氏族成员都以天然洞穴、崖厦为临时居室，虽已产生建筑技术的萌芽，但还谈不上真正的艺术。

原始农业的产生意味着新石器时代的到来。社会生产方式的变革和生活方式的进步，使原始氏族得以在条件较好的河旁台地建筑相对稳定的定居营地。新石器时代各地普遍出现的不同规模的氏族聚落，标志着建筑艺术已经产生，并在文化交流与融合中不断有所发展。

最早能说明远古建筑艺术考古成果的是中国各地普遍发现的十分丰富的新石器时代半地穴式房屋和布局有序的氏族聚落。在长江中下游和华南一些湖泊沼泽地区，则散见一些傍水而居的氏族村寨的干栏式建筑。此外，北方黄土高原这一时期还出现了窑洞式民居。

半地穴式建筑出现在距今八九千年前的新石器时代早期。在湖南澧县的彭头山文化、河南新郑的裴李岗文化、河北武安的磁山文化、陕西临潼白家村、甘肃秦安大地湾文化等长江流域和黄河流域许多遗址中，这种半地穴式建筑不仅形式、规模基本相同，而且技术水平也是大体相同的，反映出中国大陆远古居民的生产力发展处于同一水平上。在东北地区，辽河流域的兴隆洼文化、新乐文化氏族聚落也盛行半地穴式建筑。相对来看，半地穴式建筑在黄河下游的山东地区发现较少，可能与当时黄河多次泛滥和改道对古遗址的破坏有一定关系。

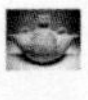

考古发掘表明，新石器时代早期原始氏族的定居生活还不十分稳定，迁徙性很强，农业经济相当落后，聚落的面积都很小，文化堆积也比较薄。在黄河流域和北方地区，氏族成员在寒冷的季节里居住在简陋的半地穴式窝棚里，夏天则多半露宿在营地中的坪场上，点燃起一堆堆篝火。黄河流域发现的半地穴式房屋遗迹，多是首先在地面上挖出一个

半坡遗址

半坡遗址，有 6 000 ～ 6 700 年历史的新石器时代仰韶文化聚落遗址，位于陕西省西安市浐河东岸，半坡遗址分为居住区、墓葬区和制陶作坊区。房屋形制有半地穴式和地面建筑两种，房子之间有储藏东西的窖穴。房子周围还发现长方形家畜圈栏、小孩瓮棺葬和幼儿土坑墓。

直径 2 ～ 3 米的坑穴，穴内和坑口边缘埋上几根木柱以支撑搭盖草棚。房子的东西或南面挖出一个斜坡式或阶梯式门道以便出入。房子里地面中央或离门稍远的地方设置灶坑火塘，有的灶膛还用草拌泥、黄泥筑成灶圈，也有的灶膛经过认真加工修成瓢形、簸箕形。室内一般都铺垫得很平整，有的还会在居住地面上铺垫一层相当硬实的干土，踩踏得很坚固。早期这种面积很小的营地和构造简单的半地穴式建筑，反映出生产力的低下和生活的艰苦。

到了距今六七千年前的新石器时代中期，建筑艺术逐步提高，越来越多的地面建筑和木构干栏式房屋标志着建筑艺术开始走向成熟。这一阶段，规模较大的氏族聚落在全国更大的范围内有了更多发现，数以千

仰韶船型彩陶壶

仰韶文化是黄河中游地区一种重要的新石器时代彩陶文化，分布在黄河中游的甘肃省到河南省之间。船形彩陶壶为 1958 年陕西省宝鸡北首岭遗址出土，是仰韶文化的代表作品，收藏于中国国家博物馆。

计。同时，还发掘出不少有一定规模的陶窑、宗教建筑、积石塚等。其中陕西西安半坡、临潼姜寨和稍晚的郑州大河村、安徽尉迟寺、浙江河姆渡、湖北雕龙碑等典型遗址，从各个方面反映出新石器时代建筑艺术的杰出成就。黄河流域的马家窑文化、仰韶文化、大汶口文化，长江流域的大溪文化、屈家岭文化、河姆渡文化、马家浜文化、崧泽文化、薛家岗文化、北阴阳营文化，闽江流域的昙石山文化，岭南地区的石峡文化，辽西地区的红山文化等，都以丰富多彩的文化内涵和多种形式的艺术风貌在祖国大地上闪耀着夺目光辉。远古社会的民居建筑艺术在新石器时代中期不愧为真正的艺术了。

新石器时代中期的建筑艺术，在中国古代传统建筑文化方面起着很大作用，有深远的影响。这一时期建筑艺术有如下几个特点。

第一，聚落规模大，定居时间长。各地发掘的氏族聚落少则几万平方米，多则十几万平方米，有明显的多层文化堆积，表明该氏族部落世代定居在这些遗址中，时间衔接紧密，发展脉络清楚。有些遗址后来发展成当地的经济、文化中心，为城市国家的产生奠定了基础。

第二，建筑形式多样化，形成不同风格特点。各地氏族部落根据当地的不同自然条件，形成不同的住宅建筑形式，半地穴式建筑开始减

红山文化玉龙

红山文化玉龙是新石器时代岫玉，呈钩曲形，口闭吻长，可能是祭祀用的礼器。红山玉龙的发现，不仅让中国人找到了龙的源头，也充分印证了中国玉文化的源远流长。红山文化玉龙有“中华第一龙”的称誉。

少，平地起建的房屋迅速增加，并出现了北方的土石结构建筑和南方的竹木结构干栏式建筑；同时出现了意义重大的祭坛、神庙等宗教建筑和贝冢、积石冢等。

第三，整体规划周密，布局严谨合理。许多地区的氏族部落营地在建筑过程中都有一定的整体规划，在适当的位置选择住地，安排广场、牲畜圈栏、窑场和公共墓地乃至宗教祭祀场所，半坡遗址、姜寨遗址和辽西的红山文化宗教建筑都非常典型。

第四，连间式排房普遍出现，反映了社会制度产生了新变化。在新石器时代中期的后一阶段，不少地区的氏族聚落开始出现连间式排房，这是一种父系家庭单元式住宅的结构。这种建筑形式在黄河中游和长江中游地区率先出现，反映出这两个地区的农业经济的发展已促使社会结构发生了明显的变化，父系大家庭的产生意味着原始公社制度出现了解体的征兆，私有制以其特有的生命力迅速滋长蔓延，形成了早期国家萌发的土壤。

第五，建筑结构合理，技术工艺性越来越强。随着农业和手工业经济的发展和人们的艺术思维日益成熟，在房屋建筑上表现出结构复杂而合理，技术性和工艺性不断加强的情况。从多间式结构的门窗设置、室内装修、建筑组合等方面看，比早期的建筑技术大大前进了一步，推拉门、壁炉、壁龛、排水、防潮、取暖等技术纷纷发明并推广，防御性建筑设施也比过去进步。

距今五千年左右的新石器时代晚期，是远古建筑艺术的鼎盛阶段。不仅各地发现的氏族营地规模宏大、历时悠久、埋藏遗存丰富，而且出现了越来越多的城堡和大型宗庙建筑。特别是龙山文化晚期，即古史传说中的黄帝、尧、舜时代，黄河流域和长江流域出现了一些军事民主制的氏族部落盟或集团。他们彼此攻伐征战，权力和财富越来越集中在少数人手里，因此，许多保护私有财产和集团利益的城堡涌现在经济发达的地区。这是一个英雄的时代，也是中国进入文明社会的前夜。河南、山东、长江中下游和辽西地区在20世纪下叶相继发现的一批城堡遗址，表明奴隶制的萌芽已经破土而出，也表明远古社会的建筑艺术这时已达到了巅峰。

大约在公元前2070年，中国进入了第一个奴隶制王朝——夏。由长期生活在河南省西部和山西省南部的夏族所创造的物质文化，考古界称之为夏文化。夏王朝建立后，夏代的历史则不仅仅是夏族的历史，而是中国各地不同部族的共同历史。

夏王国统辖的地域，主要在黄河中游一带，其周围则林立着大大小小的城邦。夏代的经济在龙山文化晚期的巨大变革中发展较快，建筑艺术也在龙山文化的基础上有了明显的进步。从考古发现看，夏代纪年内发掘出一大批规模较大的城址，其中最典型的是河南偃师二里头遗址。不少聚落遗址和公共墓地出土的遗物都反映出农业、畜牧业和手工业经济有了更大的提高。天文、历法、铜器冶炼等科学技术的出现，进一步促进了社会生产的发展。战俘和其他奴隶是物质财富的主要创造者；而造型艺术和装饰艺术则更多地表现出新兴奴隶主阶级中一批艺术家的聪明才智，也体现出人类的文明与进步。夏代建筑艺术的特点是王室宫廷建筑的产生与发展和宗教建筑的发展。从民居来看，则与氏族社会没有明显的变化。

继夏代之后，公元前 17 世纪初中国历史进入了商代。商族把东方沿海地区的农业、手工业生产经验带到中原，并与江汉平原及周边地区各部族的科学技术更紧密地结合起来。同时，在更广阔的空间范围内发展了商族商品交易的特长，从而使社会经济空前活跃起来，促进了城市建筑艺术和雕塑艺术的繁荣。

在商代，黄河两岸、大江南北出现了越来越多的城市，有些大城市成为商王世代居住经营的都邑，水陆交通和物质交流都相当发达。王室的宫廷建筑和贵族的宅院反映了建筑技术的提高和艺术水平的进步。虽然由于自然条件的制约，一些偏远地区还存在生产力低下、只知渔猎不知稼穑的氏族部落，但总的看来，商王朝统治的中国已经成为世界东方最强大的奴隶制王国。

公元前 11 世纪建立的西周，经济的发展为更大范围的民族融合创造了条件，建筑艺术和雕塑艺术也比夏商时期有了显著的提高。周族早期在陕西周原地区活动频繁，对周原地区的扶风、凤翔一带的考古发掘，发现了一些当时的宫室宗庙遗迹，从中可以看出中国传统宫室宗庙建筑的早期形态及比夏商时期建筑艺术的发展。西周的经济制度已比较完善，全国的农业和手工业、商业大体上已纳入统治者宏观调控的轨道向前发展。井田制的推行使农业生产成为规模较大、组织严密的集体劳动，把奴隶和自由民都束缚在土地上。各地发现的西周庄园遗址和居室建筑，反映出贫富分化严重的现象。大多数民居是简陋的，只有奴隶主贵族的宅第才显得宽敞高大，结构也比较复杂。陶器制造业是手工业生产领域的重要行业，砖、瓦和其他建筑材料虽然主要应用于统治集团的宫室建筑，但数量和质量都在不断提高，出现了形体硕大的空心砖。在生产日益发展的形势下，统治集团内部的争权夺势斗争越来越激烈。公元前 770 年，周幽王的统治在内外交困中崩溃，周室从丰镐东迁洛邑，中国历史进入了春秋战国群雄争霸的时代，建筑与雕塑艺术史也掀开了新的一页。

雕塑艺术与建筑艺术一样也是中国传统文化的组成部分。雕塑艺术的产生比建筑艺术还要久远，但现代意义上的城市雕塑艺术则迟至新石器时代中晚期才开始出现，即伴随着规模较大的宗教建筑而产生的，并至商周时代方显成熟。从远古及三代艺术的整体来看，建筑艺术与雕塑艺术的地位是次要的，比起音乐、舞蹈、绘画、工艺、人体装饰艺术等形式，显然没有那么受人关注。尤其是雕塑艺术，在远古及三代还谈不上一个艺术门类，甚至汉唐以后也未能脱离民间创作的地位，不被政府所重视，与西方世界的雕塑艺术有不同的发展道路。但是，中国的传统文化艺术毕竟是植根于古老东方的土地上，雕塑艺术尽管弱小，尽管难登大雅之堂，也终究有自己的生命血脉，在古代艺术百花园里一枝独秀。远古社会各种文化所产生的雕塑艺术品和三代的杰作，不失为中华文化宝库中的奇珍异宝。

中国雕塑艺术的产生，至少可以追溯到旧石器时代晚期和中石器时代。北京周口店山顶洞人所佩戴的项链，包括穿孔的兽牙、穿孔的海蚶

红山文化后期距今6 000～5 000年。是辽西地区空前绝后的玉器繁荣时期，在玉器的器型种类和数量上都有飞跃性的进展。玉猪龙又名玉兽玦，玉猪龙的背部均有一两个对钻的圆孔，似可作饰物系绳佩挂。

红山文化玉猪龙

壳和钻孔石珠、小砾石、鲩鱼骨等。其中穿孔兽牙多达 120 个；7 枚钻孔石珠最大者直径仅 6.5 毫米，均为白色石灰岩制成，经过敲击成型、磨平、钻孔等工序；钻孔小砾石的孔是从两面对钻的。这些工艺技术，都与雕刻艺术有必然联系。中石器时代各遗址普遍发现的小巧精致的雕刻器，复合工具的石刀所用刻槽骨柄及其他骨雕艺术品，表明雕刻艺术已在狩猎生产和生活中萌芽。新石器时代早期，黄河流域的一些遗址中出土了真正的骨雕、泥塑作品，主要是动物的形象；新石器时代中期以后，雕塑艺术有较大的发展，其中陶器制造过程中的附加雕塑作品、陶塑作品、玉石雕刻作品和竹木雕刻作品、骨角雕刻作品都纷纷出现，造型艺术和工艺技巧都达到了较高水平。西辽河流域红山文化的女神像，代表了雕塑艺术的最高成就，也是远古氏族社会雕塑艺术走向成熟的第一座里程碑。

夏代是一个多民族文化繁荣共进的时代，也是一个奴隶制生机勃勃的时代。经过黄帝、炎帝和尧舜时期的数百年战争的纷乱，公元前 21 世纪之后局面开始稳定下来，大禹及其子孙成了各部落联盟的共主，有

良渚文化分布的中心地区在钱塘江流域和太湖流域，遗址分布最密集的地区在钱塘江流域的东北部、东部。良渚文化发展分为石器时期、玉器时期、陶器时期。鬶是一种盛水器，造型有点像鸟。这种器形最早出现于山东地区，山东位于东方，那个时候是少昊和太昊的部落，他们以鸟为图腾。

良渚文化陶鬶

很高的权威。以黄河中游一带为政治统治和经济发展的中心，形成了九州并立臣服于夏的形势。当时，黄河下游的岳石文化部落集团、长江中游的石家河文化部落集团、长江下游的良渚文化部落集团、西辽河流域的夏家店下层文化部落集团、黄河上游的齐家文化部落集团等实力都很强大，有各自的统治中心和经济生产特点，并已形成了不同的生活习俗。在这种社会背景下，夏代的雕塑艺术也呈现出不同的风格。中原地区作为夏王朝的统治中心，雕塑工艺更多地为奴隶主贵族奢侈生活和礼仪服务，出现了技术水平很高的玉石雕刻和木雕、陶塑制品；周边地区则仍保留较多民间艺术色彩。齐家文化的制陶工匠善于用黏土捏塑各种人头造型和动物塑像，人头长颈圆颊，双眼仰望，动物有马、羊或狗等，形体小巧生动。石家河文化的雕塑艺术在制陶中占有一定地位，一些遗址发现了成批的红陶捏塑小动物，数量和品种都很多，其中有鸟、长尾鸟、猪、羊、象、龟、鸡、狗、豹、猴、鼠等，形象相当生动。总的看来，夏代的雕塑艺术比起其他艺术门类还显得薄弱，至今尚未发现大型的雕塑艺术品。

商王朝统治时期，是中国奴隶社会的鼎盛时期，商代的农业和手工业生产，开创了中国社会经济全面发展

三星堆青铜立人像

青铜立人像高172厘米，底座高90厘米，通高262厘米。1986年于四川广汉三星堆遗址二号祭祀坑出土。整体由立人像和台座两大部分接铸而成。立人像头戴莲花状（代表日神）的兽面纹和回字纹高冠，最外一层为单袖半臂式连肩衣，衣上佩方格状类似编织而成的绶带。衣左侧有两组相同的龙纹，每组为两条，呈“已”字相背状。它是中国，也是世界迄今为止发现的同时代文物群中最早、最大、最奇特、最神秘、最为宏伟壮观的青铜立人雕像，被誉为“铜像之王”。

的新局面，文化艺术也得到了空前的提高，雕塑艺术从广阔的民间走向宫廷，从事专业雕塑的奴隶成批涌现，使这个历史悠久而发展缓慢的艺术形式有了新的突破。商代的雕塑艺术，包括陶塑、玉石雕塑、骨角象牙雕塑，还有成就突出的青铜器雕塑工艺。其中出土和传世的精品如鸮尊、象尊、豕尊、小臣艅犀尊、妇好墓玉石雕刻、奴隶陶塑及四川出土三星堆青铜立人像等，都是中华民族艺术宝库中的珍品。商代的雕塑工艺就制作程序而言，与夏代以前没有多大差别，但因商代王室与大贵族组织了一批工匠为他们专门制作各种原料的礼仪用品、装饰品、工艺品，成为专业性很强的手工业行业，客观上促进了雕塑技术的进步，所以商代的雕塑艺术在器物造型、纹样装饰、结构设计、器物组合等方面都具有更强烈的艺术感染力，雕塑技术和表现手法方面都有不少创新。商代的青铜器之所以誉满世界，与相对进步的雕塑艺术有必然的联系。

各项制度基本完备的西周，是继商代之后更加强盛的奴隶制王国。从周武王灭商到周幽王的统治崩溃（前1066—前771），近300年的时间里，雕塑艺术比商代虽有进步，但没有明显的变化与突破，玉石雕刻、骨蚌牙雕之外，艺术成就最高的仍是青铜器雕塑，不过其风格在商代的传统基础上更倾向于写实，从而逐渐淘汰了商代雕塑艺术中浓郁的宗教神秘和恐怖元素，较多地出现了现实的、理性的设定。青铜器雕塑的人像作品中有将人物置于具体生活环境中的刖刑奴隶守门鬲、人形车辖和人形车辕饰件等，此外还有玉雕、蚌雕的人物形象；动物形象的雕塑作品出土了写实的鸟卣、鸟尊、鸭尊以及马、鹿、象、羊、牛等；还有越来越多的夔纹、蛟龙纹浮雕纹饰，比商代以直线为主的纹饰更具美感。

从雕塑技法上看，商代和西周青铜器及其他材质上的动物、人物雕塑，一般是采取平雕、浮雕、局部圆雕、整体圆雕四种方式。平雕即简单的平纹线刻，浮雕有了一定的立体感。局部圆雕在商代是与器身一同雕塑铸造的圆雕动物或人物形象，这几种方法常常是同时使用的。一些典型的青铜礼器，既有美观的线刻背景来衬托，又有凹凸的浮雕或圆雕主题，不仅方法多样，技艺也越来越纯熟，说明商周时期的雕塑水平已相当高超。但是，由于商代祭祀鬼神的严重风气和西周越来越繁缛的礼制，使雕塑艺术的发展受到障碍与束缚，没有同工农业生产的发展紧密联系在一起，和城市建设更是脱离很远。

第二节
建筑雕塑的艺术特征

>>>

在中国的传统文化中，远古及三代的建筑与雕塑艺术没有其他艺术门类那样辉煌，那样为人瞩目，不仅仅是因为与西方世界的建筑与雕塑艺术有不同的发展道路，更是因为古代的建筑与雕塑艺术从未受到统治集团的重视，始终未摆脱民间艺术的地位。如果说建筑艺术由于统治集团的需要而有所发展，有实际功用的建筑饰件也得以发展的话，那么独立的雕塑艺术在远古及三代一直仅限于手工业作坊中，举步维艰，在整个艺术史中的命运是十分沉重的。

为什么中国古代的建筑与雕塑艺术与西方的发展道路不同，或者说落后于西方呢？究其根源，在于中国农业经济生产方式所造成的文化背景和思想观念的不同。

首先，中华民族自新石器时代晚期氏族公社解体到夏、商、西周三代，越来越侧重感性认识的思维方式而缺乏理性的思辨。从黄帝、尧、舜、禹、汤到西周诸王，统治集团只是自发地产生一些对自然界、人类社会最直接和最直观的思想意识，为自给自足的自然经济缓慢发展所制约，没有经历西方那种彻底摧毁原始文化结构或大量地、完全地接受外来文化的突变。不仅夏、商、西周三代长期继承氏族公社时期以血缘为纽带的宗法传统，而且原始思维方式的主要成分也在后来的民族思维中得以保留，天人合一的思想始终没有为生态系统的变革而突破。所以，中国人在传统文化中始终以直觉的方法去发现和处理问题，是直观的理

埃及金字塔

金字塔在埃及和美洲等地均有分布，埃及共发现金字塔96座，最大的是开罗郊区胡夫的三座金字塔。除了坟墓、天文台之外，埃及金字塔的用途之一可能是粮库，是世界七大奇迹之一。

性主义和求统一、求平安的思维方法。在中国古代人们的观念里，宇宙是一个包罗万象、物物相连的有机整体，万物有灵，息息相通，一切不仅是客观的实体，而且都具有灵性的神秘意义。不管是商王还是周王，都是天的儿子，也同时是世间万物之主。因此，中国的统治者根据山川河流、云气星辰预测未来，占卜人生，为着国泰民安而对天地山河顶礼膜拜，举行各种祭祀活动，一切艺术形式也大都围绕这种思想和活动而展开，极少探索事物的本质，追求的是事物形态外表的神秘意义。因此在艺术创作中就不可能有严格的时空观念，只有情景交融的美学原则。在这种思维方式的影响下，尤其是进入阶级社会之后，艺术作品明显成为从王室到民间的实用的功利的产物。中国最早出现的文学作品不是荷马史诗式的叙事性鸿篇巨制，而是青铜器铭文中的一事一议和《诗经》中的许多抒情小品。建筑艺术与雕塑艺术一方面为实用价值所左右而发展缓慢，另一方面为普遍含有天人合一的哲学观念所束缚而难以创新，这是中国艺术与西方艺术最根本的区别。

其次，自远古及三代所形成的传统文化中，重“道”而轻“器”的思想也使建筑与雕塑艺术的发展受到了严重束缚。无论在哪一种社会环境中，一门独立的艺术形式都需要有能受到广泛重视和欣赏的社会条件，从而形成专门从事这项艺术的创作人员和实际工作者。建筑艺术和雕塑艺术都需要付出一定的脑力劳动、体力劳动和熟练的手工技艺、丰富的操作经验，而中国古代的统治者对此没有足够重视，所以建筑与雕塑艺术缺乏快速发展的社会环境与条件。古代埃及、西亚、地中海沿岸各国乃至古希腊、古罗马人，更为重视手工技艺和体力劳动，所以产生了巨大辉煌的金字塔、神庙、法老雕像、狮身人面像、汉谟拉比法典碑和克里特岛上的宫殿建筑群。在公元前 7 世纪末的希腊陶瓶上就刻有陶工的名字，表示了社会的重视。在埃及和古希腊，建筑师有很高的地位。古代西方雕塑作品不仅仅是公共场所的装饰物，而且出现大量君主的肖像和一些著名人物、著名事件的描绘，所以西方的建筑与雕塑艺术有突飞猛进的发展。尤其是古代希腊，在古朴时期从学习东方的工艺品丰富色彩和动物花草图案中掌握了许多技巧，从埃及和腓尼基学到了青铜铸像、石料建筑和雕刻石像的方法，开始建造希腊神庙和雕塑神像，起点异常之低，却以极快的速度经过一百多年的努力就远远超过了埃及的同时代作品，突破了埃及文明三千年间始终未能超越的禁区，在公元前 6 世纪创作出阿波罗神像等一批举世闻名的优美作品①。

中国则与西方不同。《周易》中“形而上者谓之道，形而下者谓之器”这一充满辩证法的理论，高度地概括了远古及三代社会政治生活和生产劳动的经验，并被后人应用于非常广泛的领域，至今仍有一定影响。在许多情况下，“道”为本，“器”为末，本末不能倒置，就如是非

---

① 朱龙华《世界历史·上古》，北京大学出版社，1991 年版，第 398 页。

不能颠倒一样被人们信奉。重道而轻器的观念在古代人们的社会生活中总结为“劳心”和“劳力”的关系。建筑师和手工艺人在进入阶级社会之后的地位是相当低下的，属于“小人”之列，以奴隶为主体。中国是一个以农业为本的国家，自手工业与农业分离之后，在广大人民群众中，直接务农的农民比从事手工技艺的工匠社会地位高。就体力劳动而言，务农才算正道。所以统治集团中富有艺术思维的士大夫们更多的是接近农民去探索民间艺术，少有介入工匠中去体察他们的生活。于是，建筑艺术与雕塑艺术的发展远不如音乐、舞蹈、绘画、诗歌等那样具有潜力和活力，发展的道路异常艰难。

第三，中华民族比较封闭的生活方式限制了建筑与雕塑艺术的发展。艺术作为一种精神产物，是以物质材料为载体和媒介的，每一个民族的生活方式通过物质文化体现出来，从很大程度上决定着民族的生活习俗特点，也决定着民族的精神生活和艺术创造。考古发掘资料显示，中国远古及三代的建筑形式自我们的祖先走出山林洞穴之后就逐渐与西方出现了因地理环境和其他自然条件而造成的差异。无论是黄河流域还是长江流域，各民族很早就开始了定居的农业生活，并长期依附于土地，日出而作，日入而息，甚至鸡犬之声相闻而鲜有来往。西周确立的礼制加强了这种死守故土的封闭性，培养了古代民族十分重视眼前的实际利益、容易得到满足的求实精神，形成了追求精神平衡的内向性格和原始的守旧文化状态。

相反，西方许多民族则富于迁徙性、开拓性和冒险性，在商业贸易中不畏狂风恶浪而远渡重洋，不怕大漠流沙而跋涉万里，甚至采取掠夺攻杀的方式去获得财富和奴隶。在中国的传统文化背景下，中国的生产力发展极其缓慢，在父死子继、认祖归宗的天伦、宗法观念中创造着东方的封闭型农业文明和田园式艺术。中国的早期城市并不比西方出现的晚，但就其发展和创新来说则越来越落后于西方。公元前三千多年当古代埃及出现涅伽达古城、两河流域的苏美尔文明出现埃利都古城时，中国的黄河中下游河南、山东已出现了许多雄伟的古城，西辽河流域和洞庭湖附近也矗立着私有制初期的城邦。但到了公元前2000多年时，埃及已出现了金字塔和砖石建造的城堡宫殿；苏美尔文明则出现了许多极有特色的烧砖建筑多层塔庙和砖砌宫殿、住宅、城墙；中国的夏代还没有出现烧制的建筑材料，城市形制与规模已明显落后于西方。到公元前七八百年时，西周王朝在渭水流域建筑起有砖瓦结构的宫城，而西亚的尼尼微城已是世界上最坚固的城市，其后巴比伦的城墙周长就有16千米，城防设了20余座堡塔，城中的神庙、王宫、商业区规模宏大，并拥有世界建筑史上的奇迹——空中花园。究其原因，主要在于中国的城市和农村是不可分离的统一体，中国的统治者修建城市主要是为了军事防御和宗教活动，很少顾及城市手工业与商业的需要。尽管商代已出现以商业活动为主要生活方式的商人阶层，西周也出现了比较规范的城市市场管理制度，但这一切都没有对城市建设发生根本性的影响。在中国氏族社会末期和三代的城市遗迹中，极少发现具有一定规模的商业区和手工业作坊区。城市建筑艺术与雕塑艺术作为城市的公共艺术，得不到统治集团的重视，也得不到社会公众的支持，自然不会有迅速的发展。从另一个角度上看，城市生活的秩序要求居民有一定的公民义务和公民道德，对此，农村分散的、散漫的小农生活是不具备的。所以，中国古代的城市和大型建筑除了具有神秘色彩的威严之外，相较而言缺乏西方那种艺术魅力，少量建筑装饰和雕塑的内容，强调的也是神权与王权的主题。

总之，中华民族在建筑艺术与雕塑艺术的早期发展中，由于天人合一思想的影响，使艺术家与工匠都处于政治生活和生产实践中的劣势。这种人与自然相融合的特点使人们产生了“顺天理”“顺乎自然”“万物皆备于我”的审美观念，缺乏抽象思考，在思辨上很少进步，所以在艺术上难以突破与创新。就建筑而言，在西周时已基本形成的风水观念，几千年后一直影响着中国建筑的发展，其基本精神就在于调适人和自然的关系，成为中国古代建筑艺术约定俗成的准则。建筑同地形、地貌和方位等自然条件都和谐一致、构成了平面铺开式的、对称的布局。商周近千年的进程里，从民居到宫室，从宗庙到墓园，从庭院到城市规划建设，到处都体现出人与自然互相依存、息息相通的特点，这就是古代建筑艺术的核心思想和客观存在，也是包括雕塑艺术在内的各种艺术门类所共同遵循的原则。

第二章

>>>

旧石器和中石器时代的建筑与雕塑

第一节 穴居与巢居

>>>

中国远古社会的历史是从古人类化石和旧石器的发现开始的。远古社会的人类活动从旧石器时代中晚期的穴居与巢居、采集与狩猎开始形成，距今数十万年。

20 世纪 20 年代，北京西南郊的周口店发现了北京猿人和山顶洞人遗址。此后数十年间，旧石器时代的考古调查和发掘工作蓬勃展开。到 20 世纪 90 年代末，发现的旧石器时代地点已近 400 处，遍及大陆 20 多个省区近百个县市，其中旧石器时代早期遗址有云南元谋的上那蚌、山西芮城的西侯度与匼河、河北阳原的小长梁、陕西蓝田的公王岭、贵州黔西的观音洞、辽宁营口

元谋人，因发现地点在云南元谋县上那蚌村西北小山岗上而定名为“元谋直立人”，俗称元谋人。元谋盆地位于金沙江边的崇山峻岭之间，气候干燥炎热，是滇中地区著名的“热坝”。元谋人所处时期为旧石器时代早期。

元谋人像

的金牛山等；中期遗存有陕西大荔、山西襄汾丁村与阳高许家窑、广东曲江马坝、贵州桐梓、湖北长阳、辽宁喀左等；晚期的遗址有宁夏灵武水洞沟、山西朔州峙峪、河南安阳小南海、河北阳原虎头梁等。在这些遗址中，都出土了大批人类打制石器、人类骨骼化石、动物骨骼化石和其他遗物遗迹。这批旧石器时代的文化遗存，展示出大约 100 万年以来农业发生之前中国大陆远古居民的生产和生活状况。

旧石器时代的人类经济活动，主要是采集和狩猎。当时人们居住在山洞里或部分地居住在树上，以一些植物的果实、坚果和根茎为食物，同时集体捕猎野兽、捕捞河湖中的鱼蚌来维持生活。在山洞中的遗迹和遗物，已留下很多，但树居生活却很难留下什么遗迹。从古代的文献中，依稀可以寻觅到远古时代树居生活和采集活动的影子。如《易·系辞》云：“上古穴居而野处”；《韩非子·五蠹》云：“上古之世，人民少而禽兽众，人民不胜禽兽虫蛇。有圣人作，构木为巢，以避群害”；《庄子·盗跖》载：“古者禽兽多而人少，于是民皆巢居以避之。昼拾橡栗，暮栖木上，故命之曰有巢氏之民”等，都反映了远古社会穴居野处

的状况[①]。

民族志也较多地反映了石器时代人类的穴居和巢居的生活。彝族历史文献《西南彝志》记载："人们在当初，不曾住地面，野兽花斑斑，跑在森林里；人居于树上，兽与人同处"；《滇略》记载有一部分"野人"，"茹毛饮血，夜宿树上"；《贵州通志》记载一些先民曾经"架木如鸟巢寝处"；东北的古代肃慎族亦曾"夏则巢居，冬则穴处"。尽管人类早已摆脱了采集与狩猎的生活，但其巢居穴处的生活方式却一致表明远古人类曾在相当长的时间内，有过这样的生活经历。

虽然严格说来，旧石器时代的先民还不懂得建筑，因而谈不上建筑与雕塑艺术，但从当时人们对居室环境的选择与改造所留下来的遗址遗迹看，人类已经逐渐萌生了审美意识和对美的追求，这首先是从尽量使洞穴居住条件更加方便、舒适入手，因地制宜，选择好的环境并加以改造。

北京周口店山顶洞人遗址，是旧石器时代晚期的典型遗址，距今约1.8万年。在高约4米的洞口内，由东南向西北作缓坡倾斜，南北宽约8米，东西长约14米，称为上室，中间有一堆篝火燃烧留下的灰烬，附近发现了幼儿残头骨、骨针、装饰品和少量石器。洞的西半部与东半部之间被一个垂直的陡崖相隔，称为下室，作为埋葬死者的墓地，发现了3具完整的人头骨和其他人体骨骼，周围散布有赤铁矿粉末。这与其他一些地方旧石器时代晚期的埋葬习俗相同，是判断为墓葬的可靠标志。山顶洞人的穴居状况，表明当时的氏族成员已经注意选择条件较好的住宿洞穴，并合理的利用空间布局。

贵州盘州大洞旧石器时代遗址，是20世纪末在我国南方发现的一处重要古人类遗存。遗址在县城东南49千米的十里坪村一个巨大的喀斯特洞穴中。整个洞穴长1 660米，分为五层洞道，遗址在第三层大洞，古人类生活在纵深约220米，平均宽约30米，高约25米的洞厅内。宽大的洞口高出洞前谷地约25米，自然条件十分优越。这个穴居

---

① 翦伯赞，郑天挺《中国通史参考资料》(古代部分第一册)，中华书局，1962年版。

遗址的洞口东向，宽达55米，高约45米，清晨的阳光能直射洞中，通风和透光性非常良好。洞厅内比较干燥，洞底和顶部的结构稳定、平坦。洞外的环境据考察研究有比现在更为茂盛的森林和竹林，山间盆地和一些高原地面上当时可能有湖泊和沼泽，水源较为便利。大洞遗址充分体现了远古人类对良好穴居条件的选择能力，为后来出现的居室建筑艺术打下了基础。

旧石器时代末期，一些氏族群体已经开始走出山林洞穴，结束穴居或巢居的生活，迁移至山前坡地及河谷平原上栖息。由于不断地追逐兽群和躲避自然灾害，他们过着动荡不安的生活。他们在长期生产实践中，学会了驯养狗和发明了更便于狩猎的弓箭，大约在1.2万年之前，中国大部分地区进入了中石器时代。中石器时代的遗址在东北地区、黄河流域及华南各地有普遍发现，其中以山西中条山主峰历山东麓的山间盆地下川遗址和广东南海西樵山、阳春独石仔、封开黄岩洞等遗址比较典型。

中石器时代是人类社会发展的一个重要阶段。在这个新旧交替的过渡时期，大自然和人类本身都在经历巨大的变革。世界上的大部分地区气候越来越暖和而干燥，多数冰冷的湖泊开始变成潮湿的沼泽地，大面积的森林草原覆盖荒野。离开洞穴的人们在狩猎的迁徙活动中，随处搭盖简陋的草棚以遮蔽风雨。为了适应这种生活，前所未有的打制石斧、石锛开始出现以便砍伐树木，构筑房屋。在逐渐定居的生活中，人们不

石斧

石斧是远古时代用于砍伐等多种用途的石质工具。斧体较厚重，一般呈梯形或近似长方形，两面刃，磨制而成。多斜刃或斜弧刃，亦有正弧刃或平刃。

仅驯养了狗，而且开始尝试将野猪和野羊圈养起来以防饥荒。就是在这个时期，旧石器时代的血缘群婚开始向新石器时代的对偶婚过渡，族外婚制越来越快的形成，从而构成了新的氏族和家庭关系，为母系氏族社会的农业文明奠定了基础。

由于迁徙不定的生活，旧石器时代末期和中石器时代的人类居室建筑很难留下清晰的遗迹，考古发现当时人类的遗址，大多数是零星和孤立的。

早在旧石器时代晚期阶段，就已经有些氏族部落开始从洞穴中走出来，尝试在平原或丘陵上生活了。1992 年发掘的湖北江陵鸡公山旧石器时代遗址，以其规模宏大的石器制造场和数以万计的石制品引起考古学界的震动，尤其令人振奋的是在这处 6 万年前的旧石器时代人类活动遗址中，发现了中国最早的古人类居住遗迹。遗址位于荆州城东北、楚故都纪南城东南的山前平原上，紧傍百里长湖，面积达 1000 多平方米。从初步清理出的居住遗迹可以看出，当时的氏族成员已懂得平整土地，铺垫出圆形的红色土坪，直径 2 米多，居住面附近堆放着生产和生活的废弃物，也包含一些小型石器。居住面周围未发现其他建筑遗迹，估计是平地支架的草棚，这是中国在平原地区首次发现的旧石器时代营地。后来，在北京市内的王府井基建工地上，也发现了人类在数万年前留下来的活动遗址，但没有居住的迹象。

中石器时代的人类居室，主要是追逐野兽的猎人集团在各地修筑的临时性营地，大多为平地搭盖的草棚。在湖北长阳清江南岸的桅杆坪遗址，发现了一万年前中石器时代的居室遗迹，房子的木柱是用石头加固支撑的①；而山东临沂青峰岭中石器时代遗址，在大量密集的细石器堆积中，只留下一些人们曾经生活过的炭屑灰烬②。总的看来，旧石器时代和中石器时代，还没有建筑艺术出现。

---

①《中国考古学年鉴》1993 年，第 200 页。
②《中国考古学年鉴》文物出版社，1985 年版，第 155 页。

第二节
雕塑艺术的萌芽

>>>

艺术的起源是一个极其悠久的漫长过程，无论是建筑艺术还是雕塑艺术，都是从无到有、从低级向高级发展的。在旧石器时代早期和中期的几百万年到十几万年前，我们的祖先从动物界中分化出来，通过劳动不断完善自己，在自然界中的生存是十分艰难的，当时还没有出现艺术的萌芽。直到几万年前的旧石器时代晚期，随着石器制造和加工技术的进步，人类的生产水平和生活水平逐渐改善，智慧得到启迪，灵感在劳动中升华，从而创造性较快地成长和发挥，出现了雕塑艺术的萌芽。

作为当代艺术领域中的雕塑艺术，在远古时期当然还没有出现。旧石器时代晚期和中石器时代的雕塑艺术，主要表现在石器的雕琢和人体装饰品的制造方面。

1963 年，在山西朔州峙峪遗址中，发现了一件有钻孔的石墨饰物。碳十四测定的年代距今约 2.8 万年，这是中国目前发现最早的人工制作装饰品，它的形状不甚完整，而且仅此一件，无法据此了解当时古人类的雕饰佩戴状况。

距今 1.8 万年左右的山顶洞人佩戴的装饰品，显示了旧石器时代晚期氏族先民高超的创作才能和普遍的艺术欣赏力，钻孔石珠、钻孔小砾石、穿孔兽牙和穿孔贝壳、鲩鱼骨，显然是人体佩戴的饰件，有的就出土于女性头骨旁边。另外，从山顶洞人的尸骨附近撒下的赤铁矿粉末和石珠表面染有赤铁矿的红色来看，当时已经有了对漂亮颜色的喜爱与追求。雕塑艺术的萌芽已经产生了。

旧石器时代晚期和中石器时代的雕饰，在其他遗址也有所发现。如在河北阳原虎头梁遗址发现了穿孔的小石珠和穿孔贝饰，甚至还有一件用鸵鸟蛋皮做成的穿孔小珠；类似的鸵鸟蛋皮做成的穿孔小珠，在宁夏灵武水洞沟遗址也有发现。另外，山西朔州峙峪遗址还发现了人类的刻画骨片，也表现出原始雕塑艺术的萌芽。至于中石器时代流行的岩画，也从一个侧面反映了人们艺术创作和欣赏水平，对雕塑艺术来说应该是有所启迪的。

中石器时代是从旧石器时代发展到新石器时代的过渡阶段。在这个阶段里，原始农业还没有产生，人们依然过着采集和渔猎的经济生活。包括中国在内的全世界各地中石器遗存，都盛行着细小精美的打制石器，即细石器。而许多典型的细石器，无疑都堪称精美的艺术品。

细石器一般长仅数厘米，厚不过几毫米，均采用硬度较高、有光泽、有色彩、半透明的特殊石料或宝石制成，常见的有黑曜石、石英、玛瑙、各色玉石髓等。它的制作方法除了运用打制技术以外，还使用了雕琢和压制剥片技术，一些箭镞、石叶都经过认真加工，讲究对称和长

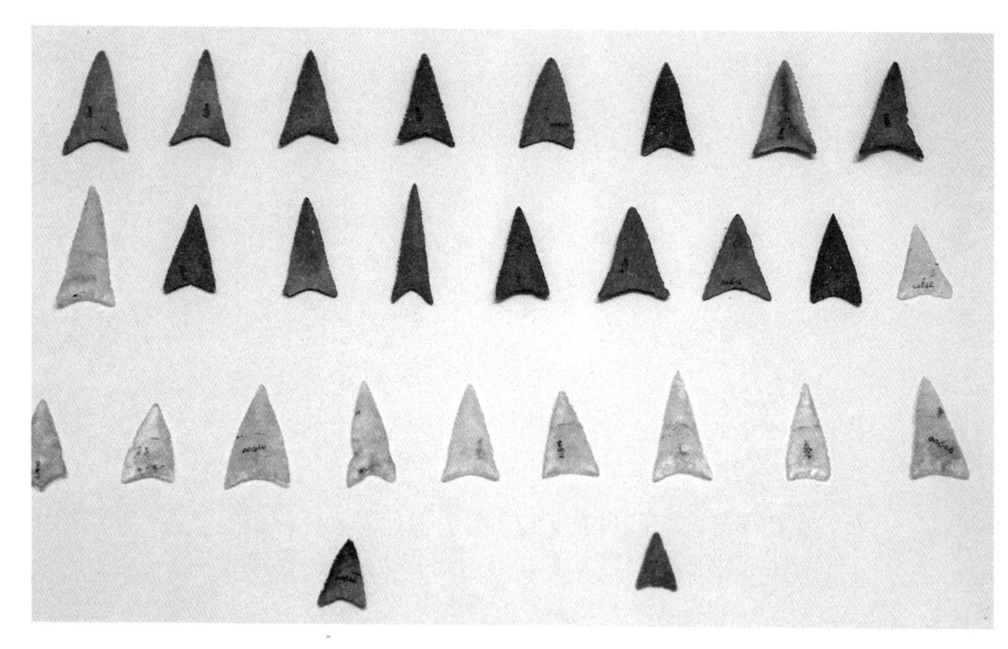

石　镞

石镞属于细石器的一种，是石制箭头，其器多呈扁体长条形或长三角形，其锋刃是通过对石镞腹面两侧的压剥而制成，压剥的纹理似锯齿，其石镞正面则有一至二道棱脊，中部断面呈三角形或梯形。尾部有的带铤，有的平尾。与青铜镞比，石镞的穿透和杀伤力非常小。

宽比例，尤其是许多遗址普遍发现的镶嵌于骨、木柄槽中的石刃，令人爱不释手，同时具有很高的实用性。

旧石器和中石器时代的建筑与雕塑，仅是建筑与雕塑艺术的萌芽，甚至谈不上真正艺术上的建筑与雕塑。但是，正是这种原始的艺术思维与尝试，才产生了新石器时代的建筑与雕塑艺术，并使艺术史发展到今天的辉煌。

第三章 >>>

新石器时代的建筑与雕塑

3

第一节 半地穴式建筑艺术

>>>

大约距今1万年前，中国黄河流域和长江流域的氏族部落发明了原始农业，结束了中石器时代的游猎迁徙生活，陆续进入了以磨光石器为标志的新石器时代。

新石器时代早期，许多地方都出现了真正称得上建筑的半地穴式房屋，这是远古氏族先民适应定居生活而进行的创造。半地穴式建筑，就是在河流两岸的台地上挖一个圆形或方形的大坑，然后在坑上修建一个窝棚式的简易房屋。这种半地穴式房屋目前发现最早的是八九千年前湖南澧县彭头山遗址，稍晚的氏族聚落在中原地区的裴李岗文化、河北的磁山文化、陕西甘肃一带的大地湾文化、山东的北辛文化、辽河上游的兴隆洼文化等新石器时代早期文化遗址中都有发现，建筑艺术的萌芽就这样在半地穴式房屋中诞生了。

彭头山遗址，位于湖南省西北部的澧阳平原上。这一带介于武陵山余脉与洞庭湖盆地之间，为过渡地带，东连湖区，西北部近山地，属河湖冲积平原。新石器时代早期，这里的植被多杉木和湿生蕨类孢子植物，为暖性针叶林为主的森林——草原环境，气温比现代略低。距今8 000年左右，山前平原上生活着以彭头山文化为代表的氏族部落。

彭头山文化以1988年发掘的澧县彭头山遗址命名。该遗址坐落在县城西北的一个小山岗上，周围地势开阔平坦，北有涔河，南有澧水，氏族营地既发现了一些大小不等的房址遗迹，也有灰坑和墓葬。从生产工具看，石器可以明确区分为细石器、大型打制石器和磨制石器三类，其中磨制石器数量很少，细石器较多，体现出强烈的中石器时代文化色彩。

彭头山遗址清理的新石器时代早期半地穴式建筑，面积较小，呈不规则的圆形，穴底较平整，室内北部残存一个圆形锅底状的灶坑。从总体上看，是非常简陋的，似乎算不上什么建筑艺术产物，但在结构上却显示出早期农业氏族先民的聪明才智。支撑屋顶的粗大木柱直径50厘米左右，柱洞内残留的填土说明当时已掌握在松软潮湿的湖沼地层上修建住宅的独特技术，柱洞内垫有超过50厘米厚的夯土和红烧土、夹炭土，既有利于承重防止木柱下陷，又利于防潮。对于原始艺术来说，实用功能和审美价值是不可分割的。当最初的半地穴式房屋代替了山林中的洞穴和荒丘上临时搭盖的窝棚时，人们有了比较长期的定居住所，足以挡风遮雨，满足了坐卧休息的需要，就会产生一种愉快的心情和美的享受。所以，半地穴式建筑的审美性不是体现在多么高级的建筑形式上，而是体现在实用性、稳固性上。远古建筑艺术从这里开始起步了。类似的半地穴式建筑，在澧北平原的临澧县胡家屋场和石门县皂市等遗址都有发现，建筑风格基本相同。

黄河流域发现的半地穴式房屋，略晚于洞庭湖周围氏族部落的建筑。距今七八千年前的裴李岗文化，表现出新石器时代早期后一阶段人

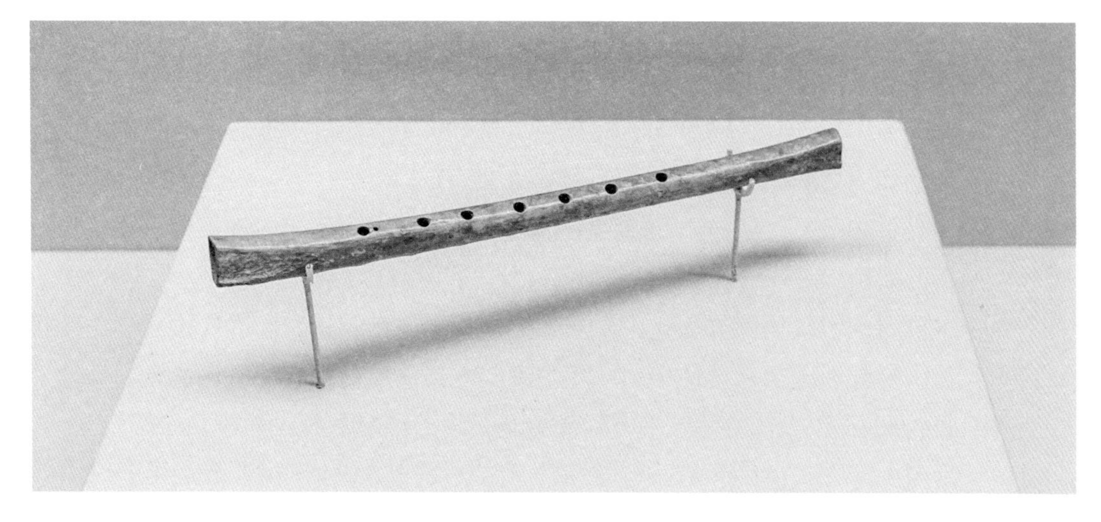

贾湖骨笛（裴李岗文化）

裴李岗文化是分布于黄河中游的一种新石器时代文化，填补了我国仰韶文化以前新石器时代早期的一段历史空白。裴李岗文化是仰韶文化的源头之一，也就是华夏文明的来源之一。贾湖骨笛能够演奏传统的五声和七声调式的乐曲，也能演奏富含变化音的少数民族或外国乐曲，改写了中国音乐史，为我们研究中国音乐与乐器发展史提供了弥足珍贵的实物资料。贾湖骨笛被称为世界笛子的鼻祖，是世界上最早的吹奏乐器。

们对房屋建筑的审美性有了更多的追求。

在裴李岗文化的河南新密莪沟遗址，发现了6座半地穴式建筑。形式上已明显区分出圆形和方形的两种基本形状，面积最大的有十余平方米；穴底地面上铺垫着一层2～6厘米厚的灰白色垫土，加工成平整光滑的坚实居住面；地穴周壁直而光洁，有一座方形半地穴尚存深0.4米；靠穴壁处一般均匀地分布着几个柱子洞，以支撑草棚屋顶；在地穴的南部或西南部设置了斜坡式或台阶式的门道以方便出入；室内都有一片近圆形的灶址，烧火面呈红色，相当坚硬，上面有支架陶容器（炊具）的石块。该文化的巩义市铁生沟遗址，半地穴式房屋与莪沟的相同，不过门道口的三级台阶是利用损坏的石磨盘铺砌的，灶坑内还发现了经火烧过的碎骨和果核等。类似莪沟、铁生沟的遗址，在嵩山周围分布相当密集，在太行山东麓、大别山以北也留下了裴李岗人活动的踪迹，典型遗址有新郑市的沙窝李村和唐户村，长葛市的岗河，汝州的中山寨，许昌市的丁集，郏县的水泉等，不下40余处。碳十四断代为公元前6 200年至前5 500年，经历了700年的发展而进入新石器时代中期的仰韶文化。

总的看来，裴李岗文化时期农业经济还不够发达，人口也不多。聚落的面积普遍较小，文化堆积很薄。除了在墓葬中有少量随葬品外，营地的房址中遗物很少。他们在寒冷的季节居住在简陋的半地穴式草棚里，夏天则露宿在营地中的坪场中，点燃起一堆堆篝火。值得注意的是，除了室内铺垫平整、柱子门窗结构坚固、门道出入方便之外，部分室内火塘用草拌泥或黄泥筑成灶圈，有的火塘还认真修成簸箕形，所有这一切，说明裴李岗人已经有了比较多的建筑经验，并已开始讲究居室建筑和装修方面的艺术性。

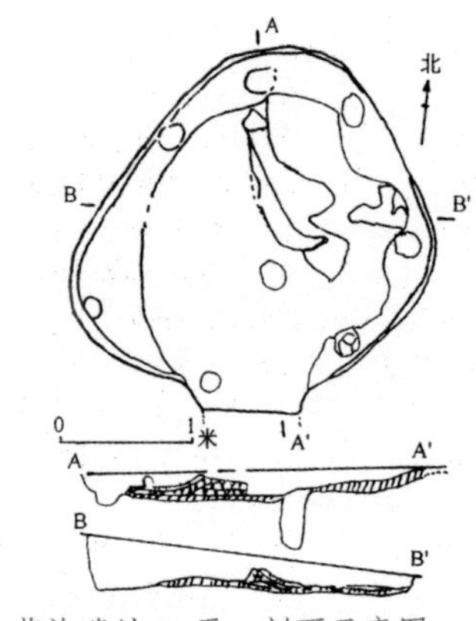

莪沟遗址 F_3 平、剖面示意图

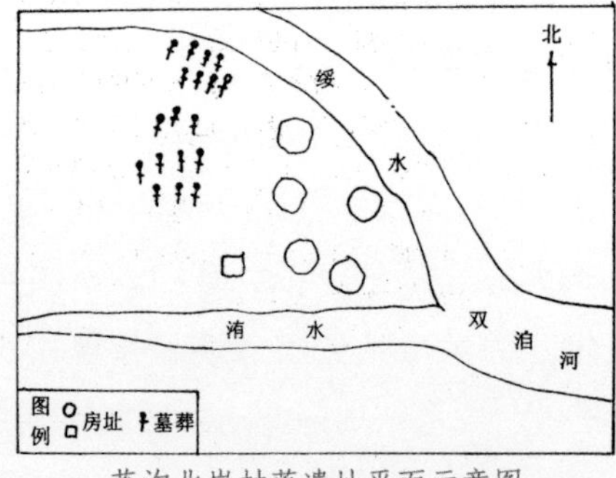

莪沟北岗村落遗址平面示意图

| 河南新密莪沟遗址房屋示意图 |

与裴李岗文化同时期，太行山东麓的黄河北岸分布着以河北武安市磁山遗址命名的磁山文化氏族部落。这种文化的分布范围南自漳河沿岸，北达易水之滨，处于华北平原的西部边缘，部落营地遗址在滏阳河支流的南洺河两岸比较集中，典型遗址有武安磁山、南岗、牛洼堡、西万年和容城坡几处。在磁山遗址，发现了同嵩山周围一样的房屋遗迹，均为圆形或椭圆形半地穴式建筑，技术与风格和裴李岗文化几乎没有区别，说明在这一时期远古氏族部落的建筑水平大体上是一致的①。

在中原地区的裴李岗文化和华北地区的磁山文化不断发展的时候，渭水流域也活跃着许多母系氏族部落。这些部落与裴李岗人、磁山人很少交往。渭水上游的甘肃秦安大地湾遗址和中游的陕西渭南白家村遗址，是他们留下的丰富遗存，考古界称之为“大地湾文化”或者“白家文化”。

大地湾遗址，位于甘肃省秦安县王营乡的邵店村东，清水河南岸。在 1978 年至 1982 年，考古学家们经过 5 年的挖掘，清理出新石器时代早期、中期的大量房址、灰坑、窑址和墓葬，生产工具数以千计，还有大批生活用具、武器和装饰品。在这个遗址中，有距今 7 350 ～ 7 800 年之间的一批房址和墓葬，遗迹遗物揭示出新石器时代早期渭水流域的经济发展状况和原始氏族的生活、丧葬习俗。

同中原和华北地区一样，渭水流域的原始部落居住的房屋大半是半地穴式的窝棚。大地湾氏族营地的房屋，居住面积仅六七平方米，屋内地面也不那么平整，只有一层长期踩踏而形成的比较坚硬的硬土面。在白家氏族营地内，房屋虽然也都是像大地湾一样的半地穴式建筑，不过室内面积稍大，12 平方米左右，居住面也比较平整光滑。在略呈圆形的房子内，东北角有一个灶坑，南面有一个台阶式的门道。很显然，在裴李岗文化、磁山文化和大地湾文化这一时期，半地穴式房屋建筑比彭头山文化时期有一定进步。

新石器时代早期后段的半地穴式建筑，以西辽河流域的兴隆洼文

---

① 河北省文物考古学会等《磁山文化论集》，河北人民出版社，1989 年版。

化最为典型。考古发掘表明，环渤海湾的辽河流域农业经济在新石器时代比第二松花江流域和松嫩平原更为发达，而且与黄河流域的原始农业几乎同步发展。辽河上游的老哈河、西拉木伦河、乌尔吉木伦河一带，公元前五六千年生活着一些以农业经济为主的氏族部落，也有一些以采集和渔猎经济为主的氏族与之同时存在。兴隆洼文化，以内蒙古赤峰市敖汉旗宝国吐乡兴隆洼村遗址而定名[①]。这个遗址地处努鲁儿虎山麓大凌河支流的牤牛河上游丘岗上。发掘清理的氏族营地是经过周密规划、精心安排的。房址均为半地穴式建筑，布局排列整齐，井然有序，都是西北—东南走向，每间 50 ～ 80 平方米，最大的房间达 140 余平方米，显得比黄河流域的同一时期氏族居室高大宽敞。营地的周围有宽约 2 米，尚存深度 1 米左右的壕沟，这是这个氏族营地的界限，也是一种防御设施。这是目前中国大陆远古居民最早的防御性质建筑设施。在兴隆洼遗址的房屋内，常常发现琢制的石磨盘、石磨棒等粮食加工工具，也有较多兽骨和采集的果实硬壳，说明氏族营地附近广布森林，狩猎和采集经济仍占一定的比重。

在兴隆洼遗址附近的鹰膀地、赵宝沟等遗址中，还发现了时间稍晚的一些氏族营地，其半地穴式房屋建筑技术大体上与兴隆洼文化类似。在兴隆洼遗址西北部的西拉木伦河上游林西县白音长汗，是兴隆洼文化的另一个典型遗址。1989 年发掘出房址 17 座，成排分布，排列有序，聚落外围并发现同时期的壕沟。房基的平面略呈方形，半地穴式，面积一般在 30 ～ 50 平方米，门向东北。室内居中有一个石板围砌的方形灶坑，室内很少发现柱洞。中央部分的居住面加工细致，为草拌泥略经烧烤，比较平整光滑；居住面两侧边缘是宽约 1 米的原生黄土地面，二者之间有一条隆起的土垄作为分界。从地穴结构来看，壁面保存得不够好，为原生黄土略加修整，残存高度随着山坡的坡势而递减。有的房屋

① 《内蒙古敖汉旗兴隆洼遗址发掘简报》，《考古》1985 年第 10 期；并见《中国考古学年鉴》1986 年、1987 年卷，文物出版社。

内后部或东南角挖有一个储藏用的窖穴[1]。从兴隆洼文化的半地穴式建筑艺术来看，整体布局和规划是突出的特点。

创造了兴隆洼文化的西辽河流域诸氏族部落，虽然经济形态和生活习俗是比较一致的，但许多氏族部落之间在聚落建筑的营造方面也有各自的区别。辽宁阜新的查海遗址，位于努鲁儿虎山东麓的山前台地上，1987—1990年进行了多次发掘，揭露出距今约8 000年的氏族营地。营地中已清理50余座半地穴式房址，排列密集有序，南北成行，每行4～8座，共有8行。这些房址的半地穴均挖成圆角方形，分为大、中、小三种，多数房址内分布2圈柱洞，与兴隆洼遗址区别明显。房内正中为灶址，有的房内还有二层台，日常生活用具多摆放在屋内四周和灶址附近[2]。一些稍大型的房内，有附设的储藏窖穴和用以安放筒形陶罐的圆形深坑。

兴隆洼文化氏族聚落的房屋建筑，有了一定秩序的设计布局，也有了基本相同的建筑工艺和一致的模式，一排排整齐的修建在河流两岸的山岗台地上，清楚地表现了当时人们在建筑方面已经有了美的追求，建筑艺术已比农业发生时期的水平提高了许多。

远古社会的生产力是极其低下的，房屋建筑的发展也十分缓慢。半地穴式建筑在新石器时代中晚期仍是氏族聚落的重要建筑形式。从原始建筑艺术的角度来看，距今6 000年左右的新石器时代中期，黄河流域和长江中下游一带已普遍分布着规模较大、规划布局比较整齐、房屋密集并错落有序的村寨建筑群。在这些村寨里，除了大多数半地穴式房屋之外，还有全氏族所共有的公共建筑，如举行宗教活动的大型坛、庙、冢和集会的厅堂。村落建筑群的大量涌现，是新石器时代中期以后的建筑艺术显著特点，其中数量仍很多的半地穴式建筑，比早期更加美观、实用。

在黄河流域，甘肃的大地湾遗址，陕西的半坡、姜寨、北首岭遗址，河南的大河村遗址，山东的野店、尹家城、西吴寺等遗址，都有氏

---

① 《林西县白音长汗新石器时代遗址》,《中国考古学年鉴》，1989年、1990年。
② 《近年来辽宁考古新收获》,《辽海文物学刊》1996年第1期。

族聚落的半地穴式房址。其中陕西的几个遗址保存较好，代表了半地穴式建筑聚落的风貌。在长江流域，湖北的关庙山、红花套等遗址都发掘出一些半地穴式建筑，但大部分地区，尤其是长江下游一带，由于河网密布，水位较高，原始居民一般都居住在干栏式建筑中。

半坡遗址是黄河流域一个典型的和比较完整的氏族公社村落遗址，位于西安市东郊浐河岸边，1954—1957年考古工作者对其进行了多次科学发掘。这个村落的总面积约5万平方米，其中居住区占3万平方米。整个村落为一个不规则的圆形，围绕村落挖有一条深、宽各5米多的防御沟。村落的东面是烧制陶器的窑场，北面是氏族公共墓地。在已发掘出的部分遗址内，发现房屋遗迹45座，牲畜圈栏2处，陶窑6座，储藏东西的窖穴200多个，还有大批墓葬。半坡遗址的房屋多为圆形或方形的半地穴式建筑，也有少部分方形或长方形的地面建筑。住房建筑群环绕着一个中心广场，是人们举行各种祭祀和庆祝活动的地方。东部面向广场有一座大房子，可能是氏族首领的住所兼公众聚会议事的厅堂。

姜寨遗址位于风光壮丽的骊山脚下，渭水南岸的台地上，西南有临河流过。这个氏族村落的总面积也有5万多平方米，规模与半坡差不多，居住区近2万平方米。发掘表明，这个村落五六千年前居住着一个由5个母系大家族组合起来的氏族。整个居住区共发现60多座房子，呈圆形布局排列，分成5个居住群落。每个群落有十几座小房子，较早阶段的房子都是半地穴式建筑，较晚的多为地面上建筑。在每组小房子前面各有一座公用的大房子。居住区的中心是一个面积很大的广场，所有房子的门都朝向这个广场。储藏东西的窖穴，交错地分布在各个居住群的房屋之间。整个居址的外面有一道壕沟将聚落围起来。氏族公共墓地设在村落的东部和南部。在广场上也清理出两座牲畜的圈栏。村落的西南是烧制陶器的窑场。

从半坡、姜寨等遗址的发掘可以看出，新石器时代中期黄河流域的氏族村落布局是大体一致的，只不过规模有所不同。一般是营地内住房围绕着中心广场设置，大房子面临广场并由成群的小房子环绕，村落有防御壕沟，沟外有墓地和窑场。目前这种村落在黄河中游一带已发现

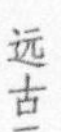

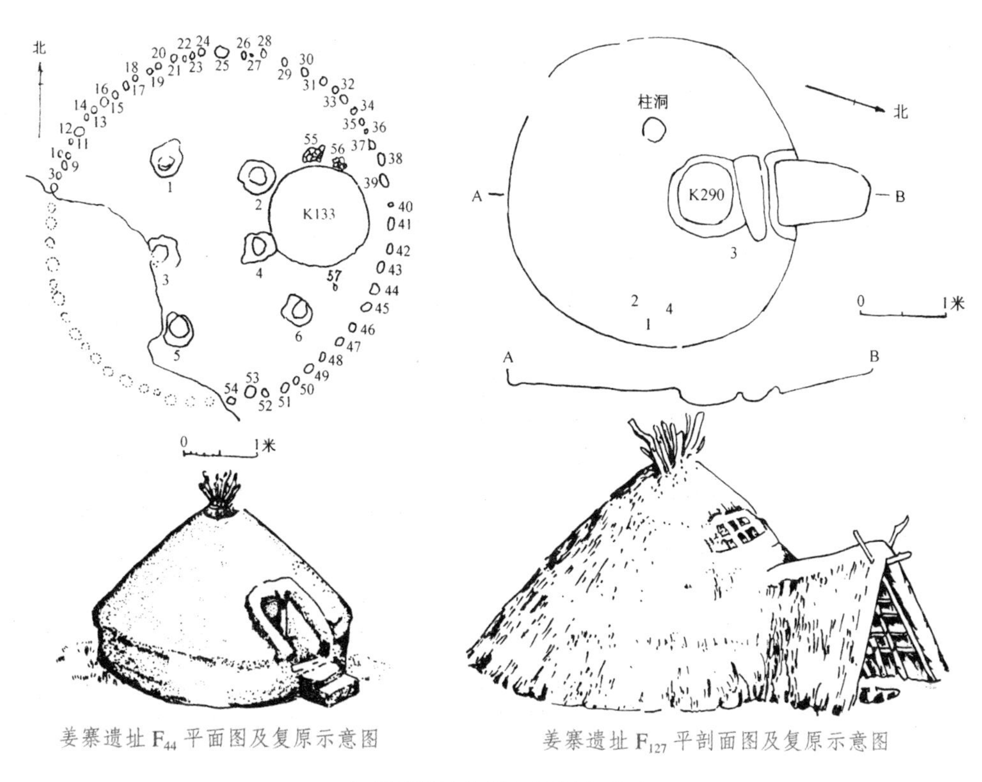

姜寨遗址 F_{44} 平面图及复原示意图

姜寨遗址 F_{127} 平剖面图及复原示意图

姜寨遗址房屋复原示意图

五六千处，每一处几乎都选择修建在河谷台地上，背坡面水，交通方便，河谷成为各村落之间交往的通道。渭水流域是当时氏族部落非常繁盛的地区，新石器时代遗址遍布渭水及其支流两岸，而以沣河、浐河流域最为密集，仅沣河中游一段长约 20 千米的河流两岸，就有十几处较大的村落彼此相望。规模较大的村落建筑集中出现，是原始建筑发展过程中的一种重大进步，不仅反映了氏族社会的繁荣和成熟，而且为更大规模的集镇和城堡的产生提供了条件。尽管半地穴式建筑没有更大的改进，但越来越整齐、严谨、合理的布局和整体规划，说明远古建筑艺术已经大大向前迈进。

在内蒙古与辽宁西部交界的地区，以赤峰一带的红山文化为代表的原始氏族部落，是略晚于仰韶文化的一种地域性很强的古代文化。在早期兴隆洼文化分布的地域内，红山文化的氏族先民在建筑艺术上表现出比黄河流域更为先进的面貌。赤峰西水泉遗址，位于召苏河南岸的坡岗上，发掘出的房址均为半地穴式建筑。房址平面近方形，室内有一个瓢形灶坑，直径一般为 1 ～ 1.5 米，深 0.4 ～ 0.9 米，坑壁往往抹一层厚约 20 厘米的草拌泥，经烧结后十分坚硬。灶坑的一侧有斜坡形火道，破损处经过修补，可见原始先民十分重视使用和保护灶坑，它对北方居民有更为重要的作用。为了冬季取暖，在房子的穴壁北部常另设一个烧火坑，口径不到 1 米，深约 0.5 米，从坑内积满的白色灰烬遗迹看，这里的居民生活是相当稳定的①。室内北壁远离灶坑而专设防寒的烧火坑，是北方居民在建筑艺术上适应生活的一种创造，对后世有很大影响。

黄河下游新石器时代的半地穴式建筑，至今发现不多，其形式与黄河中游地区基本相同。山东大汶口文化的房子，建筑方法大致是在生土或熟土层上挖一个浅穴，其后以穴壁为墙，在坑沿斜立数根相交叉的木柱，然后以茅草、树枝搭盖屋顶，抹以草拌泥。室内地面一般均经过认真加工，先将地面夯打坚实，再用火烧烤。有的遗址中房屋的地穴外围栽立木桩，然后再沿着穴壁口筑以木骨矮墙，从而增加了屋子的高度和室内的空间面积。晚期的半地穴式房屋在龙山文化的泗水尹家城和茌平尚庄有些发现，建筑方法与中期的大汶口文化相同，只是有些房屋的地面用草拌泥或白灰面层层铺垫，使得地表面非常光滑洁净。这时期出现了较长的斜坡状门道。这些半地穴式房子，屋顶一般是攒尖式。在山东沿海和海上岛屿中的氏族营地，居民的半地穴式房屋内有的铺有厚厚的海砂，或在海砂上再抹两层胶泥，颇有特色。

新石器时代中期，黄河上游地区的氏族部落社会经济发展到了马家窑文化时期，这一地区的建筑艺术和彩陶艺术，都比黄河中游更显得多彩多姿，形成了浓郁的地方风格。

马家窑文化以甘肃临洮县马家窑遗址而得名，主要分布在甘肃省，以陇西平原为中心区域，东起陇东山地，西到河西走廊和青海省东北部，北达甘肃北部和宁夏南部，南抵四川北部一带。碳十四测定表明，

① 《赤峰西水泉红山文化遗址》,《考古学报》1982 年第 2 期。

马家窑文化具有辉煌的彩陶艺术，达到了世界远古彩陶史的顶峰。马家窑文化彩陶的绘制中以毛笔作为绘画工具、以线条作为造形手段、以黑色（同于墨）作为主要基调，奠定了中国画发展的历史基础与以线描为特征的基本形式。

马家窑黑白彩陶勺

这种古老文化所经历的时间从公元前3300年到前2050年，晚期已进入夏王朝时期的齐家文化阶段。各地考古发现的情况表明，马家窑文化是仰韶文化庙底沟氏族部落向西迁移发展，与当地一种古老文化相融合而形成的。典型遗址有临洮马家窑、兰州青岗岔、永昌鸳鸯池、永靖马家湾和青海乐都柳湾、西宁朱家寨、民和马厂塬等20多处。

在各遗址清理的马家窑文化不同类型的50余座房子中，半地穴式建筑是主要的形式。当时居民多以氏族或部落为单位聚居在一起，聚落遗址的面积一般多在10万平方米左右。在东乡林家遗址和永登蒋家坪遗址，发现有30余座房子，分方形和圆形的两种。林家遗址的房子保存较好，多为正方形半地穴式建筑，地穴挖在生土层中，屋内修筑两个并连的烧灶，前大后小。房门较窄，有的门外还附设一个方形建筑，可能是双层门结构，平面是凸字形，门口有台阶供人们出入。永靖县西河乡马家湾村，有一处马家窑文化的氏族营地。这个营地清理出7座房子，方形的4座，圆形的3座，保存得都比较完好。方形的房子建造得相当漂亮，先由地面向下挖成长方形半地穴的土坑作为房基，土坑的四壁修整得十分平直，坚硬而光滑，穴底面积约15平方米。然后在房子的中央竖立一根木柱，四角也各支撑起一根木柱，布局对称，共同支架起屋顶。居住面都铺有一层用草拌泥掺和一种红胶泥的硬面，质地坚硬，表面平整。每座房子都有一个阶梯式门道。在对着门口的室内中央有一个烧灶，灶面稍高出居住面，呈圆形或葫芦形[①]。这类半地穴式房子从严谨的结构来看，参考民族志材料，可知是一种四角攒尖的形状，屋顶盖有一层茅草，草上再涂抹草泥土。从外表看颇似一座美观的几何形方锥。有些房子的地面经过烧烤呈红褐色，使居住面显得更加坚固而光洁。这个营地的圆形房屋结构与方形的大体相似，也有同样的立柱、居住面和烧灶，只不过复原起来是尖锥顶式圆形房屋。上述马家窑文化的半地穴式房子表明，黄河上游一带远古居民的建筑艺术已达到相当成熟的阶段，当发展到新石器时代晚期的地面建筑时，这一地区的建筑艺术仍处于领先的地位。

半地穴式建筑是中国北方新石器时代最为普遍、延续时间相当长的民居建筑形式。内蒙古长城一线和河套地区当时也盛行这种建筑。在阴山东南麓的察右前旗土贵乌拉乡，考古工作者发掘出仰韶文化晚期的一处氏族营地，清理了数十座半地穴式房屋。这个营地的房屋南北成排分布，门道基本朝向东方，室内平面大致为方形或长方形。居住面均用黄色硬土铺垫，屋内中部靠近门道的地方设置一个圆坑形烧灶，少数房子内的圆形灶坑后面还增设一个方形浅穴灶，与赤峰西水泉遗址的居室烧灶类似。灶旁或门道两侧有木柱支撑屋顶和门廊，室外则设置一些窖穴和灰坑。这种房屋的外观与西安半坡等遗址的四角攒尖方锥形顶棚的建筑一样，是中国北方最为流行的建筑形式。

新石器时代中期以后，半地穴式房子开始减少，平地起建的房子越来越多地出现在氏族聚落中，并在新石器时代晚期的龙山文化中占据了优势。但是，直到夏、商时代，许多奴隶仍居住在半地穴式建筑中，一些偏僻的经济文化落后地区，仍有半地穴式房屋存在，到西周之后才逐渐消失了踪迹。

---

① 《甘肃永靖马家湾新石器时代遗址的发掘》，《考古》1975年第2期。

第二节
地面居室建筑艺术

>>>

距今 5 000 年左右的新石器时代晚期，黄河流域和长江流域许多氏族部落相继进入龙山文化的军事民主制发展阶段，私有制已经出现，并孕育着城邦国家的雏形。随着原始经济的较快发展和人口的显著增加，氏族聚落的规模比仰韶文化时期更大，分布也更为稠密。由于私有财产的出现，父系大家庭的贫富分化日益明显，因而在房屋建筑方面必然有所反映。在聚落内，一些开始成为奴隶的战俘和穷困的氏族成员仍居住在简陋的以半地穴式为主的房子里，大多数家庭则已改善了居住条件，兴建起地面建筑的单间或多间式排房，建筑艺术显示出社会变革的风貌。

地面建筑的民居是在半地穴式建筑的基础上产生和发展起来的。半地穴式房屋的地穴由深变浅，更加方便出入。简陋的尖锥式屋顶逐渐改进成穹庐顶；方锥形屋顶则由于四面墙体的增高而发展成两面坡式屋顶，入口开在墙上，门槛高出外面的地表，更可挡住雨水和风雪。这种演变在新石器时代中期的半坡遗址已经有所反映。如半坡的第 24 号方形房子，它的木骨泥墙的骨架已具备三间两阔两进深的木构建筑形制。这个遗址的早期房屋多半地穴式，晚期则以地面建筑为主，可以看出黄河流域房屋建筑从半地穴式向地面建筑发展的过程。

地面建筑在长江流域出现得更早，这是由于长江流域地下水位较高，不宜半地穴式建筑的缘故。年代最早的地面建筑是在湖南澧县彭头山遗址发现的。它的平面呈方形，东西长约 6 米，南北宽约 5.6 米，门设在西南角。地面为黄色黏土掺入数量较多的粗砂粒加工而成，厚 5 ～ 10 厘米。居室四周均发现了立柱时留下的圆形柱穴。这座房舍的面积较大，梁架的跨度有 6 米，结构已比较复杂，显然已不是地面建筑的最早形态①。

从半坡遗址的一些建筑遗迹，可以看出最初出现的地面建筑形式及发展轨迹。遗址中的第39号房子，居住面与当时室外地面一样平，南部的入口处排列有柱洞，显示出门限甚高，内设木骨，这种门限实际上是因袭穴壁概念的矮墙结构，周围的墙壁也是同样的一周矮墙，即以构筑起来的木骨泥墙来代替昔日的地穴四壁。复原后墙高为80～100厘米。房门内外有垫土作为踏跺以方便出入。在矮墙上架设屋顶，也同半穴居的形式相同，以室内的中心柱为中间支点架起一椽，悬臂至室中心形成其余诸椽的顶部支点，从而形成端正的方锥体屋顶盖。从整体来看，这种房屋周围墙体与屋盖构造相同，尚未明确树立“墙”和“顶”两个不同部件的概念，由此可知两者交接一线也没有屋檐结构。这种构架方式，扎结节点有一定程度的松动，因此受屋顶压力后产生有限的变形，即墙体外倾，仿佛后世的粮囤，可减少雨水对墙的冲刷，对无檐的建筑是有利的。西安附近武功县出土的圆形陶制房屋模型，墙体明显外倾，正反映了这种情况，看来应是此时建筑的一种特征。这种矮墙体的房屋，门是开在屋盖上的，完全是半地穴式房屋的处理方法，说明了早期地面建筑是从半地穴式房屋脱胎而来的②。

仰韶文化晚期，各地原始氏族聚落的地面建筑已十分普遍。考古学家发掘的河南郑州大河村、邓州八里岗、淅川下集、禹州谷水河等黄河流域氏族遗址和长江流域的宜都红花套、枝江关庙山、郧县青龙泉、枣阳雕龙碑等遗址中，都有不同规模的地面房屋建筑。东北的辽河流域和内蒙古河套地区这类房屋也比较普遍。黄河下游的大型聚落遗址发现很少，不过从山东诸城呈子遗址和胶县三里河、栖霞杨家圈等晚期遗址中，也能看出当时民居的面貌。

大河村坐落在郑州市东北郊柳林乡，遗址在村西南的一片漫坡土岗上，贾鲁河从村北缓缓流过，遗址北距黄河7.5千米，周围是一片广阔

① 《中国远古暨三代科技史》，人民出版社，1995年9月版，第41—42页。
② 《仰韶文化居住建筑发展问题的探讨》，《考古学报》1975年第1期。

大河村遗址博物馆

大河村遗址博物馆是为保护大河村遗址而建立起来的一处史前遗址博物馆。大河村遗址出土各类房基50余座、窖穴近500座、墓葬400余座，壕沟2条，出土陶、石、骨、蚌、角、玉质地的珍贵文物3 600多件，各类标本20 000余件。

的平原，附近有同一时期的后庄王遗址和秦王寨遗址，这一带在新石器时代仰韶文化晚期曾是农业生产比较发达的地区，大河村的氏族聚落占地约30万平方米，出土了22座房址和一批墓葬、窖穴，遗物相当丰富。

大河村遗址发现的3组共12间地面连间式建筑，房基保存得相当完好，墙壁残高有的竟高达1米，使我们得以清楚地了解这些连间建筑的结构及建筑技术。三组连间建筑的结构及营造工艺大体相同。以F_1～F_4一组为例，4间房基均为南北长方形，作东西并列相连。F_1、F_2同时建成，两间共用一壁；F_3则利用了F_1东壁接筑起来；F_4又利用F_3的东壁接筑。最西端的F_2门向南，余均门朝北开。中间的F_1面

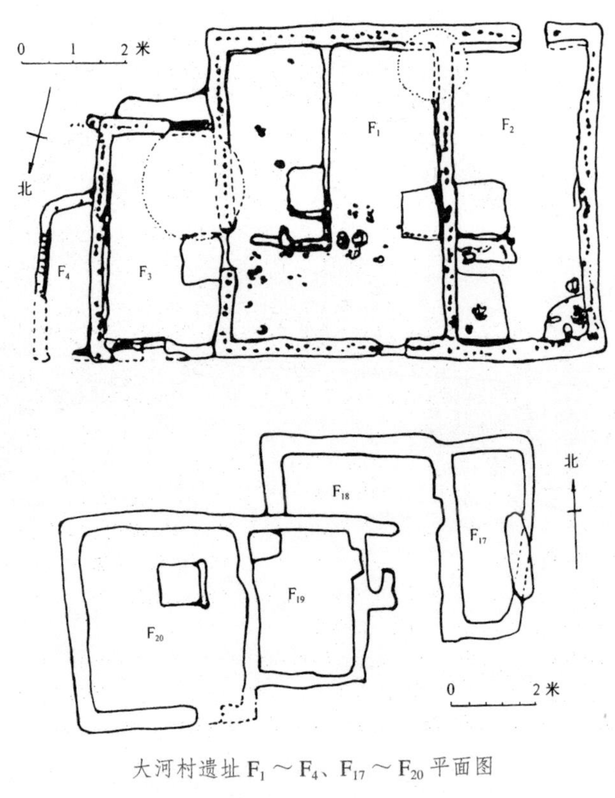

大河村遗址 F_1 ～ F_4、F_{17} ～ F_{20} 平面图

郑州大河村遗址的房址

积最大，约21平方米，有火塘，并有分隔的小型套间，套间内另设火塘和土台。F_2 房内有3个土台，台面上放置日用什物及粮食。F_3 内也有一座方形土台。F_4 是一间面积仅有2平方米的小屋，可能并非住宅。这个氏族聚落连间房屋的营造方式大体是这样的：首先建造地基，或是挖基槽，或是就地铺垫一二层厚约10厘米的沙质草泥土，再铺垫砂质基面；然后沿房基或基槽四周挖好柱穴，栽立木柱，立柱间加竖捆扎的芦苇束，或绑附横木，并在内外两侧敷以厚10～15厘米的草泥土；筑好墙壁后即加工居住面，往往铺设数层砂质地面，将最后一层白灰粗砂硬面同时拐抹在墙壁或室内土台之上；最后都经大火长时间烘烤，把地面烧成棕红色甚至成青灰色，十分坚硬光滑。这种房屋的房顶修建方法有两种可能：第一种是在绑架墙壁木骨的同时向上绑架房顶的木骨，这种木骨都是由圆木加工，劈成不规则的扁方形或三棱形的木

条，呈扇面形排列绑架，密度较大，有的略有缝隙。最后在木骨上铺抹厚 20 ～ 30 厘米的草拌泥，经火烧烤成红色，比较坚硬。第二种方法是在筑好墙之后，同时修好房内附属建筑，用火烧烤，最后在墙壁上绑缚木架，在顶架上缮草①。据碳十四测定，这批房屋是距今 4 500 ～ 5 000 年前修建。

大河村遗址的连间式地面建筑，反映了社会中氏族内部婚姻关系的新变化。在每单元连间建筑中，单间房屋面积都比较小，套间的出现，较适合一个家庭或一个父系家庭生活；在前述连间房子中，F_1 和 F_2 是先期建成并居住了一段时间后，由于人口增多或子女长大，于是在 F_1 东面陆续扩建 F_3 和 F_4 两小间，同时将 F_1 的东门封闭，只走北门；这些房址内的遗物中，有生活用具，并有炊具和盛器之分别，生产工具有斧、纺轮、锥、砺石等，还有狩猎用的箭镞和弹丸，F_2 内还有一瓮炭化的粮食，具备了当时一个家庭单独生活的物质资料，从而说明这种成组的房子，是以适应个体家庭为社会经济单位的需要而建筑的。考古学家认为，这一时期已出现了私有制和一夫一妻制的家庭、婚姻关系。由于这个聚落的全部居址分布情况未能彻底发掘清理，布局尚不清楚，从已揭露的遗迹来看，地面建筑是一排一排的。

湍河南岸的邓州八里岗遗址发掘情况补充了大河村的不足。这个仰韶文化晚期的村落面积约 5 万平方米，是中原文化与荆楚文化互相交流融合的原始部落遗址，氏族社会末期和夏代成为苗蛮集团的领地。遗址下层揭露的仰韶文化晚期建筑，多为分间长排房，也有双套间和单间者，均呈东西分列的南北两排，间隔约 20 米，年代大体一致。两排房屋之间是由人工不断铺垫的空场，平整坚硬，多层相叠，表明这一聚落虽然长期有房屋废弃和重建的历程，但聚落布局经早期一次性规划后历代未变，氏族生活较为稳定。从保存较好的一些房址来看，所有长房的建筑方法基本相同，其程序如下。

（1）首先平整地面，然后铺垫黄土并经反复夯砸，非常坚实。

---

① 《郑州大河村仰韶文化的房基遗址》，《考古》1973 年第 6 期；《郑州大河村遗址发掘报告》，《考古学报》1979 年第 3 期。

（2）在垫土上开挖基槽，基槽即已大致规划好房屋的长度、宽度和套数。基槽一般深 30 厘米以上，有的深达 50 厘米左右。

（3）在基槽内挖穴栽埋木板或木柱、木棍，这些木骨之粗大者一般间隔 5 ～ 10 厘米埋设一根，细小者则间隔 1 ～ 2 厘米密集排列，每高 20 ～ 30 厘米为一段，夹横木（木板、木棍或长树枝），外捆绑草绳约束。有的直接以草绳或竹篾分段束缚，形成坚固的木骨。

（4）以草拌泥涂敷于木骨之上，内外涂抹，分段起墙。每段一般筑至 20 ～ 30 厘米高后稍停，略干后再接着向上砌筑。保存较高的墙体上可清晰见到这种分段起筑技术的痕迹。房子墙体一般以南、北墙为最厚，30 ～ 40 厘米，木骨亦普遍较粗。

（5）门是在筑墙时规划好的，门道宽 40 ～ 50 厘米，设置木门框和门槛。根据发掘时的遗痕和灰烬，可以看出门槛的主体是一块长板木门限，安置在墙内侧居住面上，其一端插入墙体，并从门道内外适当堆砌草泥固定之，形成高出地面的门槛。门限一般长于门道宽度的一倍以上，而且砌筑的草泥绝不紧敷表面，即木门限的表面用来作滑轨，进而推测得知房门是侧面推拉式，类似的推拉门在湖北枣阳雕龙碑遗址亦曾发现。

（6）墙砌好后，内外皆用黄泥抹光，再抹居住面。有的内墙和居住面还抹一层砂浆，厚度约 2 厘米，十分坚硬光滑。

（7）室内灶台在最后一次抹平地面之前做成，一般为方形，与地面平或略高。灶台位于房间中部者，东西两面有高达 50 厘米以上的挡火墙，有的灶台与一面室墙之间砌一堵矮隔墙。

（8）房内无主柱支撑屋顶，屋顶以墙承重，迹象表明屋顶搭盖竹木茅草，不抹泥。

（9）室外地坪表面一般比较平整，且均向四周下斜，利于排水。

八里岗遗址的房屋建筑艺术，充分体现了豫南地区原始文化的地方特点。其长排套间式房屋，是父系大家族居住形式的反映。南排保存最好的第 21 号房址，虽然西端为晚期遗迹所破坏，东西仍残存 26 米，进深均 7 米，面阔 8 套，各套房间面积大致相等，每套房又再分为一大两小的 3 间或一大一小的 2 间。大间面积在 15 平方米左右，小间仅 3 ～ 6

平方米。各套大间房屋的中部或靠西墙一侧设灶台，各套之间无门道相通连；北排居中的第34号房址，东端已曾被破坏，东西残长18米，进深7.5米，现存房间5套，各套多是一大一小两间式，大小间有门道相通，不仅大间设灶台，小间也多数有灶台，各套南北墙都有门道出入室内外。这个村落中的多数房屋是被火焚毁后遗弃的，火焚房屋内保存着大量来不及搬走的生活用陶器和生产工具①。

从黄河流域新石器时代村落遗址可以看出，地面建筑的出现和社会结构的变化有一定关系。

长江流域的新石器时代氏族聚落房屋建筑也经历了从半地穴式向地面起建形式的演变过程。在湖北宜都红花套、枝江关庙山等长江沿岸的遗址中，既有半地穴式圆形房子，也有地面上的圆形、方形、长方形建筑。这些房子的基本特点是：四周墙壁普遍是在立柱之间编扎竹片竹竿，里外抹泥，成为编竹夹泥墙；地面上起建的房子往往先挖好墙基槽，用烧土碎块掺和黏土填实，土筑墙根以上再立编竹夹泥墙；室内一般也有柱洞，立柱支撑屋顶；屋内的地面，下部用大量红烧土块铺垫，垫层厚实，表面敷涂细泥并经火烤；有的屋内围筑灶坑，有些房屋开设门道，两侧有小木柱支撑架设护棚或檐廊之类，有些房址发现了这种檐廊。总之，根据长江流域的自然条件，广泛采用竹材，竹木结合，单薄的外墙已基本能够遮风御寒，重点注意了加强防潮、避雨的设施②。

比红花套、关庙山遗址的年代略晚的屈家岭文化房屋基址，在郧县青龙泉、京山屈家岭、河南西南部的淅川黄楝树、下王岗及唐河寨茨岗等遗址均有发现，建筑艺术比早期有明显的进步。这一时期的房屋基本上都是方形、长方形的地面建筑。住房上的最大特点是，室内隔起土墙形成横列双间式的房子。一种是两间分别向外开门，隔墙上无门或仅有小门相通；另一种是里外间共走一门通向室外的套间式房子。这不仅是建筑技术的显著进步，并且这种住房安排方式在一定程度上也反映了家

① 《八里岗史前聚落发掘再获重要成果》，载《中国文物报》1994年12月25日。
② 《新中国的考古发现和研究》，文物出版社，1984年版，第129页。

庭组成关系方面的变化。从建筑工艺上看，一般外墙先挖基槽，树立木柱，填土砸实，再以黏土、烧土块或草拌泥筑墙；居住面下层以红烧土或黄砂土铺垫，表面涂抹细泥或白灰面，修整平坦光滑。在房间的立柱洞底垫上碎陶片，起到了柱础的作用，既坚固又防潮。青龙泉氏族聚落中的一座大房子，是长方形双间式，南北总长 14 米，东西宽 5.6 米，外墙底部没有开挖基槽，而是用黏土掺和烧土块培筑起约半米厚的坚实土墙，壁面内外都涂抹草拌泥。南北两室都在东墙各开一门，中间的隔墙上还有门互通。室内的地面是下层铺垫烧土块，上层涂细泥。两间屋内各矗立三个木柱，南北排成一线，支撑的屋顶大概是两面坡式。两室的中部分别修筑一个烧灶，并在附近各埋一个保存火种的陶罐。在这个遗址中还发现有三座东西向的长方形单间式小房，南北依次排列在同一平面上①。

下王岗遗址仰韶文化晚期长屋平面图及复原示意图

房屋建筑艺术，反映出远古氏族先民改造自然、美化生活的丰富创造性和智慧。在地面建筑中，多间式套房采用的推拉式屋门，就是一种设计巧妙、十分实用的创造。在距今五六千年的湖北枣阳雕龙碑氏族聚落遗址，考古工作者发现了这种建筑艺术的典范。

雕龙碑遗址位于枣阳市鹿头镇北部，1990 年至 1992 年，发掘出

① 《新中国的考古发现和研究》，文物出版社，1984 年版，第 134 页。

土一批房屋建筑基址、窖穴、墓葬以及数以千计的生产工具和生活器皿。在遗址的中部，有两座保存较好的大型多间式房屋，其建筑形式、结构和建筑方法基本相同，体现出长江流域新石器时代建筑的共同特点。

在一座大型多间式房屋中，共有 7 个房间和 7 个推拉式屋门，房间总面积有 100 多平方米。主体外墙尚存高 50 厘米，宽 40 厘米，仅有部分残缺。房屋长 11.5 米，宽 8.8 米，建筑平面呈“田”字形，即在四面主体墙内，以“十”字形隔墙支撑着大跨度的屋顶，同时以此分隔大房间为 4 个小开间。东半部的两间为长方形，西半部的两间近方形，其中北屋又隔成两个长方形小间，南屋则隔成三个小间。房间的大小布局巧妙、实用，看上去十分和谐完美。

雕龙碑氏族聚落的房屋建筑，采用红烧土块奠基，主体墙基槽内竖立多种形状的木骨的筑墙形式。为了使木骨之间排列整齐和更加牢固，又采用藤条或绳索将它们彼此缠结起来，然后在木骨内外层层涂抹草拌泥。将墙体表面加工修饰平整之后，再经火烧烤呈砖红色。在“田”字形主体墙之内，5 间小屋的隔墙所用的木骨既薄又小，因此墙体也比较薄，一般只有 10 厘米左右，与现代的某些篱笆墙相似。每个房间内，靠近墙体或其近旁设有烧灶，有的灶旁还置有保存火种的陶罐，罐内仍积存着燃烧过的灰烬。灶旁有饮食用具和食剩下的兽骨、田螺壳等遗物。

室内的地面修筑得非常平整坚硬，底层是垫奠的红烧土块，上面用加工过的含有石灰成分的青灰色细泥涂抹三层，每层厚 2 ～ 4 厘米，颜色和质量都酷似现代的水泥，故称为“水泥”地面。最上一层则为厚 2 ～ 3 厘米的石灰面。石灰这种建筑材料在渭水流域的甘肃秦安大地湾遗址也曾发现过，应用于房屋建筑已有五六千年的历史了。

7 个推拉式屋门，其中 6 个分别安装在主体墙的西、南、北三面，显得对称和谐。另一个门安装在“十”字主体墙南侧两间屋相通连的过门处。这些特殊的构造是在建造墙壁时事先精心设计的，门框与墙壁连同一体，同时一次性塑造完成。门框在出入口两侧墙的内壁，呈沟槽状，下框沟槽内侧筑有凸棱，高出居住面 5 ～ 10 厘米，成为门槛，与左右门框连成一体。框槽内积留有炭化的朽木门板，推测当时的屋门是采用木质材料加工制成的。门框宽 1.2 米，而出入口宽度只有 0.5 米。与室外相通的门皆有近 1 米长的过道，两侧墙壁内竖立半圆或方形木柱，可能用以支撑屋檐或门楼，既能防雨，又装饰美观，与红花套、关庙山等遗址的建筑习俗相同。

雕龙碑遗址所采用的建筑材料相当精良，石灰、大木、隔墙、推拉门等结构与建筑方法已非常科学，房屋通体经火烘烤，达到了坚固、实用、耐久、防潮的效果。这里的房屋建筑艺术能达到如此水平，与各地的文化交流有密切的关系。来自关中、中原地区的仰韶文化，江汉地区的大溪文化、屈家岭文化及鲁南苏北的大汶口文化都曾与雕龙碑氏族部落有一定来往，这种文化的交流与融合促进了当地原始文化的发展，并创造出富有特色的建筑艺术①。

在长江下游地区，氏族聚落的房屋建筑特点与湖北一带有所区别。浙江嘉兴马家浜、吴兴邱城，江苏吴江梅堰、苏州草鞋山、常州圩墩等遗址都发现了新石器时代中期的居住残迹，可以看出在河流纵横、水网密布的地区，氏族先民如何营造住宅的情况。这些营地都选择在河岸较高坡地上。马家浜的一座长方形房子，南北长 7 米，东西宽 3 米，门朝东开；四周一圈柱洞，有的尚残存木柱，柱洞底垫放木板以防潮和下沉；室内是经过加工的黄绿色硬土面，还有遗留树枝、芦苇痕迹的红烧土块杂乱堆积，应是倒塌墙壁的残余。邱城的一处建筑也呈长方形，室内硬土面主要是碎石、陶片、砂粒、螺壳以及黏土的掺和物，上面再铺垫泥沙，经过砸实、火烤，十分坚硬；硬土面上排列两行相距 3.5 米的方形柱洞，洞底部也垫着一二块厚木板；室外四周还有排水沟的设施。梅堰发掘出土的建筑基址，是结实的蛤蜊壳地面，厚为 7 ～ 33 厘米，也适于防潮，有的这种地面上还有草木灰和排列整齐、纵横交织的芦苇层。草鞋山发现了一处由一圈 10 个柱洞围成的圆形居住遗址，居住面土质坚实。在这个遗址的房屋残迹中，大量柱洞内都保存着相当

① 《从雕龙碑遗址发掘成果看原始时代房屋样式》，《光明日报》1993 年 3 月 28 日。

完好的木柱和柱下的垫板，有的木板上砍劈、锯截的痕迹尚清晰可见。同时在居住面上普遍发现印有苇痕的成堆烧土块，还出土了芦席、篾席、草绳以及用草绳捆扎的草束等实物。这些遗迹表明当时长江下游一带，特别是太湖流域的氏族先民已直接在地面上建造房屋，盛行木架结构，在柱洞底垫衬一两块木板，编扎芦苇涂泥作墙壁，用芦苇、竹席和草束苫盖房顶，以及用各种材料装修地面的技术。这些技术特点既适合于本地区的自然条件，又符合实际需要①。

综观长江流域新石器时代的地面建筑，有以下几个特点。

（1）四周墙壁普遍是在立柱之间编扎竹片竹竿、树枝、芦苇，里外抹泥，成为编骨夹泥墙。广泛利用南方的竹、苇，这是区别于北方的一个特点。

（2）室内的居住面都经过认真处理，利于防潮，但所用材料因地制宜，比北方黄河流域的地面修饰更为灵活多样，体现出不同文化习俗的风貌。

（3）门前多设有屋檐或檐廊、护棚之类防雨设施，有的地区还出现了“散水”，适应长江流域多雨、潮湿的气候特点。

（4）从房屋的木制构件残迹和各地出土的十分丰富的各类石锛、石凿来看，长江流域的建筑工业中木工技术比北方更为发达。

（5）从房屋结构来看，墙壁普遍比北方单薄，室内缺少御寒设施，适应南方的气候。

各地原始文化发展的不平衡性，在新石器时代中期已明显地表现出来。当长江中游地区已经出现像雕龙碑遗址那样相当先进的房屋建筑时，西南一些氏族仍居住在半地穴式房屋甚或洞穴中，广西一带已经发现了许多当时的洞穴遗址。长江流域和华南地区新石器时代的地面建筑，有许多相同的特点，也存在不同地区的差别，其建筑艺术表现出比黄河流域更为内容丰富，形式活泼的面貌。

在内蒙古东南部的乌尔吉木伦河、西拉木伦河一带，比红山文化略

---

①《新中国的考古发现和研究》，文物出版社，1984年版，第151页。

晚时生活着富河文化的氏族部落。这种古老的氏族文化以巴林左旗林东镇以北 70 千米的富河沟门遗址来命名。氏族村落分布在河旁的山岗或高地上，房屋建于朝阳的南坡。村落的规模大小不一，较大的富河沟门遗址发现了 150 座以上的房屋，较小的金龟山遗址只有 40 余座房屋，房屋建筑的时间有早有晚，分布相当密集，彼此间隔仅有数米。房基都是借山坡修筑的，为使室内地面平坦，先在倾斜的山坡上挖成簸箕形的土坎，然后以其为基础建起房屋，这种建筑形式介于半地穴式和平地起建两者之间。房子靠山的一面，墙壁保存较高，有 0.5 ～ 1 米，东西两侧墙壁则顺山势而渐低下，有些墙面抹有草拌泥。室内地面平坦，有些地面经认真捶打，常有大片的篝火痕迹。地面中央有方形灶址，有的是挖成的土坑，有的在四周加砌石板，一般每边长 0.5 米，深约 0.2 米。一些灶旁还存有斜口陶罐用来储存火种。室内的柱洞都是靠近北墙排列的，其他三面无柱子，估计这种房子的房顶是一面坡式，门应朝南开。有的房子里还有储藏物品的圆形窖穴。在这些村落中，仍有一些圆形半地穴式房屋建筑并存。从发掘出土的各种遗物看，这里的氏族部落经济生活是以渔猎为主的，房屋建筑有助于了解当时游猎氏族部落的生活习俗。

这一时期，黄河下游地区的氏族先民在地面上建筑房屋的技术，大体上与中原地区相同。栖霞市杨家圈遗址和诸城市呈子遗址发现的房子，都是方形的。从发掘的遗迹可以看出，先民们先在合适的坡地上划好一定范围，开挖基槽，然后在基槽内挖出柱洞，立起木柱，以木柱为骨筑墙，最后盖屋顶、修居住面。呈子遗址的房子面积约 20 平方米，门朝南开，宽 0.63 米，墙基槽内的填土经过砸实，墙中作为木骨的小木柱一周有 50 个，室内地面立有 3 个木柱，其中两个在中间支撑屋顶，另一个靠近西南墙角处，似起加固作用。柱洞深达半米以上，底部垫有石板或经层层垫土夯实、烧烤，相当坚牢。这种房子从中间两个大木柱的排列推测，应是中间高、两面坡式屋顶，即在两个大木柱上绑架横木，然后纵横搭盖树干、树枝，最后覆盖草拌泥。从这个遗址的出土遗物和碳十四测定数据看，房子建筑于 5 500 年前，是大汶口文化中期的遗存①。

在黄河前套和内蒙古中南部鄂尔多斯高原、晋北、陕北高原地区，新石器时代中晚期生活着许多半农半牧的氏族部落。其中濒临黄河的准格尔旗大口遗址和陕北神木县石峁遗址、汾河以西吕梁山东麓的汾阳峪道河遗址等是同一部落集团的几处重要聚落营地。在这些氏族营地中，地面建筑的房屋表现出北方民居的坚实、粗犷的艺术风格，与同时期长江流域的建筑有明显的差异。

大口遗址位于内蒙古准格尔旗沙圪堵镇东南约 35 千米，隔黄河与山西省河曲县相望，再南去 5 千米即进入陕西省府谷县境，处在三省区交界的鄂尔多斯高原的南缘上。氏族营地建筑在高出河床约 30 米的台地上，面积约 3 万平方米。这里的原始氏族营建房屋方式是：先在地面挖出一块深约 50 厘米的浅坑，然后再层层垫土夯实，筑成高出原地表的房基，再在这种房基上建筑房子。房屋平面多呈圆角方形，室内面积 9 ～ 25 平方米不等，门向多朝南，门外有大致与门等宽的漫坡道。室内地面抹一层厚约 0.5 厘米的白灰面。房内正中设一个口大底小的圆形火塘，火塘的周围灶壁也抹有白灰面。在火塘附近有 2 ～ 4 个木柱支撑屋顶，柱洞底部常用碎陶片垫实。石峁遗址坐落在陕北神木西南，毛乌素沙漠南部的秃尾河支流洞川沟南岸山梁上，面积约 5 万平方米。这个遗址发现的房屋遗址，与大口遗址基本相同。峪道河遗址在山西汾阳市东北部，氏族营地的房屋建筑形式与大口、石峁遗址大体一致，只是有些房屋没有用白灰面涂饰，而是采取烧土面的形式②。

继仰韶文化之后，黄河流域的氏族社会进入新石器时代晚期的龙山文化阶段。公元前 3000 前后，龙山文化的社会生产力比仰韶时期有了较大的提高，经济的发展十分显著，尤其是手工业生产出现了许多前所未有的变化，从而逐渐改变着社会的结构和制度，为奴隶制的到来铺平了道路。新石器时代晚期的建筑艺术，由于各地原始文化在大动荡中更

① 《山东诸城呈子遗址发掘报告》，载《考古学报》1980 年第 3 期。

② 《黄河前套及其以南部分地区的龙山文化遗存试析》，《史前研究》1986 年第 3 ～ 4 期。

广泛地交流，显现出更加丰富多彩的面貌。这一阶段的地面建筑，最大的特点是布局更加严谨，装修更加美观实用，普遍出现了白灰面装修技术，重要的建筑材料土坯开始出现，贫富两极分化在房屋建筑中也充分地表现出来。随着经济的较快发展和人口的显著增加，氏族营地的规模比仰韶文化时期更大，分布也更加稠密。许多地区建筑起高大的城堡，标志着奴隶制的萌芽已开始破土而出。

在中原地区，河南汤阴白营、安阳后冈等聚落遗址，显示了当时建筑艺术的基本面貌和经济水平发展程度。

考古学家在汤阴白营遗址中发掘出来的房子，早期和中期都是半地穴式建筑，而晚期的房子大多数已演变成地面建筑了。半地穴式房屋的居住面多为硬土面和红烧土面，而晚期的房屋内居住面多为白灰面，墙上也涂有白灰面，高 3 ～ 87 厘米不等，显得美观而洁净。在这批地面建筑的房基墙内和墙外填土中，都发现有埋葬小孩、大蚌壳或者埋羊的习俗，是原始宗教的遗迹。白营村所揭露的 46 座晚期房屋，只不过是龙山文化时期整个村落遗址的一部分。每座房子的居住面都经过层层夯打，夯打时使用的圆木棒和窄木条印痕尚相当清晰，室内白灰面有的已呈金黄色。中间的圆形烧灶，直径在 0.7 ～ 1.46 米，由黄土做成，表面微微凸起，经长期烧烤后，变成了黑色，发亮而龟裂，但异常坚硬。在灶面外围，有一周宽带状的蓝黑色灶圈，显然是修灶时经过认真处理的，增加了白灰面室内空间的美感，这是龙山文化先民在建筑艺术上的独具匠心的创造。

白营遗址许多房子都是用土坯砌的墙，土坯长 47 厘米，宽 26 ～ 33 厘米，厚 5 ～ 9 厘米。用这种土坯横砌的墙，宽度就是墙的厚度，内外再用草拌泥抹光，内壁最后再用白灰粉刷，显得整洁干净。一些房子的墙外有散水面和长期踩踏的路土面。居室建筑采用的方法包括多层夯土铺垫，以儿童和蚌、羊奠基，涂白灰面，土坯砌墙，装饰灶面等技术与习俗，这些都是比新石器时代中期建筑进步的表现。根据遗迹复原，晚期的房子分成四尖攒尖式屋顶和圆锥形屋顶两类。值得注意的是房子的屋顶用芦苇秆、树枝、扁平木片纵横交错编织搭盖，抗风雨的能力较

强，也是他们的一种创造①。虽然这个遗址没有全部发掘，但从已清理的数十座房屋基址来看，分布是有一定规律的，基本上是东西成排，南北成行，形成了一个有较大规模的营地。据遗物和碳十四测定，晚期的房子距今已有 3 700 年左右，几乎每座房子都经多次修缮，室内居住面反复铺垫，可见居民的生活是相当稳定的。在这个营地中还发掘出用于宗教的卜骨、刻画两个裸体人像的陶盘和木结构的水井。遗址中清理出白灰做成的球、白灰窖和其他白灰器，充分说明当时已经能够大量烧制和利用白灰了。建筑工具中发现了三个涂抹白灰面用的石抹子，对龙山文化时期广泛应用于房屋建筑的白灰面施工方法提供了实证。营地中有一口龙山文化早期的水井，曾给当时居民生活带来极大的便利。

安阳后冈遗址，是中国著名考古学家梁思永先生于 1931 年春首次发现的一处重要的古代文化遗址。其坐落在洹河南岸一个舌形河湾的高岗上，总面积约 10 万平方米，包含有仰韶文化、龙山文化和殷商时期三种不同的文化遗存，其中以龙山文化遗存的分布范围最广、文化遗物最丰富。该遗址在 20 世纪经过 8 次发掘，揭露出一个比较完整的龙山文化大型村落和早期城堡遗迹，其中龙山文化的地面房屋建筑数十座，较完整和保存很好的有 39 座，再现了 4 000 多年前氏族社会晚期村落的建筑风貌。

较好的 39 座房屋，都是地上建筑，除少数房址建在生土层上外，绝大部分建在灰土堆积和过去的旧房址基础上。碳十四测定表明，这个村落从公元前 2700 年到前 2100 年，延续存在长达五六百年，在夏王朝建立后迅速荒芜废弃。

后冈遗址的地上房屋建筑艺术，是中原地区原始氏族社会地上民居建筑的典型。

从建筑结构上看，房址下部都有房基垫土，土质细腻，并经分层夯打，坚实而平整，每层厚 5 ～ 8 厘米。有的房址垫土多达五六层。垫土面积一般都大于房址面积。有一些房址的垫土留有清晰的夯窝痕迹。各

① 《河南汤阴白营龙山文化遗址》，载《考古》1980 年第 3 期。

个房址的墙均已塌毁，残高一般为 10 ～ 80 厘米，宽 20 ～ 30 厘米。少数房屋的墙宽达 35 ～ 52 厘米。墙的内壁都涂抹得很光滑，外壁则粗糙。墙的结构，可分为垛泥墙、木骨泥墙及土坯墙三种，其中以垛泥墙最多。垛泥墙是用黄褐色细土掺水捣熟，垒打而成，有的墙中还夹有小红烧土块或植物茎秆。其中有的土墙较特殊，是用深褐色黏土和黄色草拌泥一层层交叠垒筑而成，显示了较高的墙壁建筑技术；木骨泥墙是用直径 4 ～ 8 厘米的木棍密集竖立作墙骨，木棍间隙中垛以黏黄泥块，内外抹平成墙面，这种房屋有 8 座；土坯墙是用一种不规则长方形土坯砌成。土坯用深褐色黏土制成，内夹少量小红烧土块。坯长 20 ～ 52 厘米，宽 15 ～ 38 厘米，厚 4 ～ 9 厘米。土坯为错缝垒砌，空隙处填以黄泥。坯型不规整，坯与坯往往黏在一起，推测当时垒墙用的是半湿未干的土坯。

居住面分为白灰面和烧土面两种。抹白灰面的房址共 31 座。白灰面厚 2 ～ 6 毫米，层次均匀，表面光滑平整。有的房子在内墙壁上和门道也抹白灰面。一座房子往往有多层白灰面，这是多次修缮的结果；烧土面是经火烧烤的，呈红色，共有 7 座房址是烧土居住面；此外，还发现一座房子的地面是铺设木板的。

大多数房址中部都有一个灶面，一般为圆形，少数为圆角方形。灶面直径 1 米左右，隆起略呈弧形，表面为黑色，光滑发亮，系用细腻的黏土精心抹成。因作炊取暖，经长期烧烤，十分坚硬，表面有龟裂纹。有的灶面外缘绘有一圈宽 10 厘米左右的深蓝色环带以作装饰，表现了氏族先民室内装饰艺术的审美情趣。从剖面观察，灶面下有一浅坑，斜壁平底，深 8 ～ 15 厘米，挖在居住面下的垫土上。白灰面一直抹到这个坑壁，坑内填土都是火红色。

支撑墙体或屋顶的木柱，柱洞都经过认真加工，有小圆穴式、带泥圈式和白灰渣式三种。柱洞底多有垫石。这些房址的门向多为南、东南和西南，少量朝东。门道内有台阶或门槛，门外路面呈斜坡状，低于室内居住面。

墙外四周往往堆积数层黄泥土，内高外低，呈斜坡状，用以保护墙面和加固墙基，构成早期的散水。散水一般宽 0.5 ～ 1 米，泥土拍打得相当结实，和墙基紧密黏在一起。散水面上有时还抹一层草拌泥，有的还经火烤。有的房屋在散水下墙基外侧埋有一些石块，以加固墙基和散水。

全部屋顶虽然都已倒塌，但塌落在居住面上的层层的树枝、植物茎秆痕迹很清晰，有的上面还覆盖着草拌泥。从现存的墙、柱洞等遗迹来看，推测屋顶应为圆锥形或尖锥形，用树棍作椽，上面覆盖树枝或植物茎秆，有的抹有草拌泥，房子的外形类似现代的蒙古包。

后冈龙山文化村落遗址中仅有的一座木板地面房址，是氏族社会地面建筑艺术中的一个创举。这座房子建筑在灰土层上，圆形，房基下有一层厚 10 厘米的灰色垫土，垫土中夹杂着少许红烧土块，墙壁是用黄黏土垒打而成，东北墙是后来加固修缮时修建的一段木骨泥墙。门向东南，门道宽 0.5 米，内设黄黏土门槛。居住面上整齐地铺放一层木板。木板长 0.5 ～ 1.6 米，宽 3.5 ～ 6 厘米，表面经过加工，板面很平整。这种木板采用原材劈削而成，铺设时劈削面朝上，未加工的弧面向下，窄端在内，宽端朝向外侧。除东南角部分木板是南北向平行铺设外，其他都围绕中央灶面呈辐射状铺设。东北角的木板延伸至木骨泥内，说明这段墙是在铺成木板地面后补修的。

在整个村落的建房过程中，大多以牺牲儿童作奠基，埋在房址下。有的房基下及其附近埋有数量不等的完整河蚌壳，并且多个重叠，是原始宗教的表现形式。

在村落的建筑群中，分布着垃圾坑、窖穴、白灰面坑和白灰渣坑，以及大量儿童墓葬和动物骨骸、石器、骨角器等。该村落的外围，还有一座宽 2 ～ 4 米、长 20 余米的夯土围墙，是一种防卫设施。从揭露的迹象看，这个龙山文化的聚落早期限于冈顶附近，面积较小，灰土堆积较薄，房址也很少；中期以后，村落不断扩大，灰土堆积增厚，房址数量增多；晚期村落扩展到整个遗址，文化层堆积十分丰富，房址也相当密集，很可能已发展成一个有一定政治、经济影响的城堡。在后冈聚落中，人工烧制石灰技术的发明、土坯等新型建筑材料的出现，白灰面防潮设施的广泛使用，墙基外侧构筑散水以及室外普遍使用擎檐柱，室内铺设地板等，反映了这一时期地面房屋建筑技术较仰韶文化时期有了较大的进步。

类似汤阴白营、安阳后冈的龙山文化聚落遗址，在豫北、冀南各地已有大量发现，至20世纪末达到了百余处。它们主要分布在卫河、漳河流域，特别是其支流洹水、淇水两岸分布更为密集。已发掘或试掘的有安阳市的小屯、同乐寨、高井台子、范家冈和后冈，安阳市的大寒村、八里庄，汤阴县的白营、羑里，浚县的大赉店、辛村、刘庄，邯郸的龟台、涧沟，永年的台口，磁县的下潘旺等。这类遗址都建筑在土地肥沃的古老河流的两岸。由于农业和手工业经济的发展、定居生活的巩固和人口的繁衍，因而当时的村落分布相当稠密，许多村落相距仅0.5～1千米，文化层堆积都很厚，反映了当时氏族经济的发达和定居的久长，城堡就是在这种背景下产生的。

龙山文化晚期的地上建筑，多为直径3～5米的圆形小房子，仅可容数人居住，显然是一个小家庭的房屋。它反映出当时一夫一妻制的父系家庭已成为整个氏族社会的基层组织。从出土的大量石、骨、蚌器等农业生产工具和较丰富的谷物遗存来看，农业种植在当时的经济生活中已占主导地位。出土了大量家畜骨骼，说明畜牧业也很发达，其中猪是当时人们饲养的最主要的家畜。渔猎和采集经济在当时还占有相当的比重。考古学家认为，综合各方面的研究成果，汤阴白营、安阳后冈类型的龙山文化居民，可能就是商人祖先创造的先商文化的氏族部落①。

总之，在距今5 000年左右的新石器时代晚期，以中原地区龙山文化为代表的氏族村落地上建筑，以不断出现的新型建筑材料和越来越丰富的建筑技术为前提，涌现出大批形式多样、风格各异、地方特色鲜明的建筑艺术群落。黄河流域的村落居室建筑体现了经济发达、人口稠密、建筑技术水平较高的特点；长江中游一带的经济基础与中原相当，出现了一些与中原不同的建筑技术。其他地区则表现出社会经济和社会组织不同发展阶段的差异，例如西藏地区的昌都市卡若、小恩达等遗址，都是公元前3000年左右的新石器时代氏族聚落遗址，这些聚落的房址是长方形地面建筑，其建筑方法是先将地面平整，铺一层掺土的小

① 《1979年安阳后冈遗址发掘报告》,《考古学报》1985年第1期。

石粒，上面再铺一层黄灰色土踩踏捶打坚实，表面用火烧，形成黑褐色硬土面，墙壁为木骨泥墙，室内中心立柱，与墙周明础上的斜柱组成锥形房屋，门道处由数块砾石重叠成台阶；辽东半岛的大连一带，流行地面建筑的方形房屋，四壁以土垒成，室内有数根木柱承檩支撑屋顶，但在同一时期半地穴式房子仍占主导地位；西南地区的一些氏族部落，这一时期有许多居住在洞穴中，也有一些氏族掌握了地面建筑房屋技术，云南宾川白羊村遗址的地上建筑，已经与长江中游一带的地面建筑基本相同了。

第三节
干栏式建筑与窑洞

>>>

从公元前6000年到前3000年间，中国各地原始氏族部落的房屋建筑由半地穴式圆形或方形建筑逐步过渡到地上建筑；布局规整的排房和初期的城堡渐渐取代了围绕中心广场、深沟大壕式聚落。与此同时，南方各地河网密布的水乡和北方黄土高原干寒地带，分布着不同艺术风格的建筑群，这就是长江流域和华南地区的干栏式建筑，以及北方的窑洞式住宅。这些氏族营地与半地穴式建筑聚落互相交错，相映成趣，反映出中华民族远古社会里各地不同建筑艺术的风貌，也反映了在不同自然条件和生态环境中氏族先民适应自然、美化生活的创造精神。干栏式建筑和窑洞式建筑，以极强的生命力绵延数千年，至今仍为人们所喜爱。

一、干栏式房屋建筑艺术

新石器时代，生活在长江流域河湖密集地区和沿海一带的许多氏族，居住在干栏式房屋中。这种干栏式建筑，以距今7 000年左右的浙江余姚河姆渡遗址发现的为最早，晚期的建筑在浙江吴兴钱山漾、江苏丹阳香草河、吴江梅堰、广东高要茅岗等遗址均有发现。商代时期的云南剑川海门口遗址和西周时期的湖北圻春毛家嘴遗址也分别发掘出当时的干栏式木构建筑，说明这种建筑形式是南方许多地区的重要民居建筑，至今仍为一些民族所喜爱。

干栏式建筑，就是一种在竹、木柱底架上建筑的高出地面的房屋。中国古代史书中分别有干栏、高栏、阁栏、葛栏等称谓。这种称谓是由不同民族的语言转译过程中的音变所致。此外，一些文献上所记载的栅居、巢居等，大体所指的也是干栏式建筑。考古学和民族学中的所谓水上居住或栅居，以及日本的高床住居和欧洲的一些湖畔建筑，亦属此类建筑。这种建筑以其特殊的形式和艺术风貌自新石器时代至现代均有流行，不仅在中国南方比较普遍，而且在北方的内蒙古、黑龙江乃至西伯利亚都有发现，分布相当广泛。

干栏式建筑主要应为防潮湿而建，长脊短檐式的屋顶以及高出地面的底架，都是为了适应多雨、潮湿地区的需要。一些重要遗址的考古发现可以大体上复原出这种建筑的形制，使我们对其艺术风格有所了解，各个时期出土的陶制、铜制建筑模型，也有助于这种了解，再现了水乡泽国的民居习俗。

浙江余姚河姆渡村，坐落在四明山麓的姚江岸边。这里是杭州湾南岸山地之间一条狭长的河谷平原，山清水秀，草木繁茂，7 000 年前一支氏族部落在这里劳动生息，建筑起大片干栏式房屋，种稻打鱼，养猪猎鹿，纺织制陶，用辛勤的汗水创造出灿烂的物质文化，为后来百越对江南的开发奠定了坚实的基础。

从遗迹来看，河姆渡氏族先民的干栏式建筑是依山面水布置的。在水网密集的地方，地势比较低洼、潮湿。氏族成员在这里选择好地势之后，便有计划地向地面打入一头砍削较尖锐的木桩。这些竖木桩有圆木桩，也有加工过的厚木板，其上再架设大大小小的横梁，以横梁作为龙骨承托地板，构成离开地面架空的干栏式建筑基座。地板上往往铺着竹席、芦苇和树皮等成为居住面。最后四面用各种加工过的木板搭盖成简易的房舍。当时的木作工具虽然只是简单笨重的石斧、石锛、石刀、

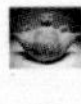

石锤等，但人们已完全掌握了劈削、裁截、开板等技术，并发明了榫、卯、楔、企口板等多种加工技巧和构件。在遗址的最底层，亦即这种古老文化的最早阶段，出土了带有榫卯的木构件数十件，包括柱头及柱脚榫、梁头榫、带梢钉孔的榫等。榫头用梢钉，说明构件为拉杆，为防止受拉后脱榫而采用梢钉固定；有的卯眼之卯互成直角，互相穿透，说明它同时承接两个垂直的横向构件，可能是转角柱插梁枋上的卯式；此外，还发现了企口板、燕尾榫、刻花木板等，标志着此时木结构建筑已有相当丰富的经验，这里的干栏式建筑已经历过一个较长的发展过程。

干栏式建筑的前提条件，是要具备一定水平的木工建筑技术，用简单粗重的石器加工木材，是很不容易的事情，河姆渡氏族在 7 000 多年前已经掌握了这样熟练的技术，在当时的世界处于十分先进的水平。

广东省高要市的茅岗遗址，是氏族社会末期的一个部落营地，这个部落也生活在干栏式房屋中。他们把 3 ～ 4 米长的木柱用挖坑深埋或打桩加固的方法栽入生土层，作为主柱，再分别在其间埋入稍短的木桩。主柱距生土层以上 40 厘米左右的地方开凿榫孔，架设悬离地表的居住棚架。柱身一些凿透的榫孔横穿着直径 10 厘米左右的梁木，在梁架的居住面上铺设木板，涂以草拌泥，或再垫上茅草、竹席之类。住房空间的高度一般在 2 米以上。考古工作者根据出土的木质建筑构件的榫孔、排列、式样等情况分析，当时的屋顶结构已形成类似现代南方少数民族栅居的悬山式，屋顶人字形双脊的棚架是用藤索、篾索绑扎的。这种干栏式房屋一般还有檐廊。

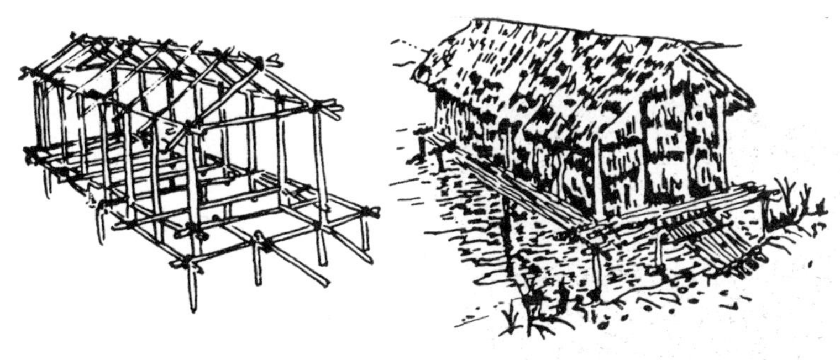

F_1 木架结构图　　　F_1 复原图

广东茅岗遗址干栏式建筑遗址示意图

茅岗遗址的干栏式建筑中，打入生土的木桩底下不便安置柱础石，为防止木桩下沉，一般均将入土的一端截出一个平面来；横梁所用原木，未作去皮和劈削加工；开凿榫孔和削制柱头凹槽，从痕迹来看是借助了火的烧灼作用，即先用火定位烧灼，然后用石器对凿成榫孔，外大里小，极不规整。这些情况表明，虽然茅岗的遗存年代比河姆渡要晚3 000年，但其木作技术仍相当原始，比不上河姆渡那样先进。利用竹、藤绑扎棚架，则是干栏式建筑的共同特点，在东南亚地区十分普遍。

河姆渡氏族过着以农业为主、兼有渔猎和采集的经济生活，稻作农业已比较发达。他们用骨耜和木耜翻耕土地，种植水稻，还饲养猪、狗等家畜。这里的氏族先民习惯使用一种夹炭黑色陶器，有罐、釜、鼎、盘、豆等。遗址中发现的木杵、骨匙、陶灶、陶箕，都是考古界的重要

远古独木舟

▲ 河姆渡遗址是中国南方早期新石器时代遗址。河姆渡遗址的发掘为研究当时的农业、建筑、纺织、艺术等东方文明，提供了极其珍贵的实物佐证，是我国极为重要的考古发现之一。该独木舟正是河姆渡氏族先民渔猎的有力证据。

猪纹陶钵

◀ 河姆渡文化猪纹陶钵为夹炭黑陶。器表打磨光亮，长边两侧各阴刻一猪。猪的腹部运用了阴刻重圈和草叶纹等纹样。猪的形象为研究家猪的驯养过程提供了宝贵的物证，弥足珍贵。

龙胜瑶寨干栏式建筑

干栏式建筑，即干栏巢居，是远古时代的人群，特别是南方百越部落的建筑风格，即是在木（竹）柱底架上建筑的高出地面的房屋。考古发现最早的干栏式建筑是河姆渡干栏式建筑。这种建筑以竹木为主要建筑材料，多为两层，下层放养动物和堆放杂物，上层住人。图为广西桂北地区龙胜瑶寨，是典型的干栏式建筑。

发现。当时一些技艺高超的工匠已掌握了陶塑、木刻和在骨、牙上雕刻美丽图案的工艺，其圆雕木鱼、陶塑人头像、苇编织物和刻画有猪、双鸟、稻穗、盆花等图案的陶器，都给人留下了深刻的印象①。

茅岗氏族的经济生活与河姆渡氏族不同，当时岭南地区的原始农业不如江浙一带发达，茅岗遗址的居民过着以渔猎和采集为主的经济生活，农业和畜牧业都比较落后。遗址地处源远流长的西江岸边，属珠江三角洲范围之内。这块华南最大的冲积平原中，孤丘错落，河网纵横，渔猎很方便，亦有舟楫之利，捕捞水生的螺、蛤、蚌等贝类食物是氏族

---

①《七千年前的奇迹——我国河姆渡古遗址》，上海科学技术出版社，1982年版。

成员的重要生产劳动，在遗址中发现堆积如山的贝壳及许多鱼类骨骼，说明这里的居民离不开捕捞业和水上劳动。遗址中未发现翻土、收割和加工谷物的生产工具，石器中仅见建筑干栏式房屋的斧、锛、凿之类，表明农业生产是极其次要的。由于茅岗遗址未作大规模发掘，村落布局尚不清楚。从已清理出的三座干栏式房子来看，均呈长方形，门道靠山面向外伸延，类似的遗迹附近还有很多，可以看出每座干栏建筑相隔4～5米或7～8米，而且沿茅岗西北坡依次排列。从农民曾在此挖毁了大量木材及地面暴露的木桩来看，这里的干栏式建筑是相当多的。这种建筑很适合南方的自然环境，现在傣族、佤族、景颇族、哈尼族、布依族、瑶族和高山族等少数民族，仍使用干栏式房屋[①]。目前，世界各地都或多或少地存在着干栏式建筑，比如厄瓜多尔的瓜亚低地，居民住房一律是干栏式建筑；非洲达荷美有干栏式建筑的村落；菲律宾吕宋岛上有用竹子搭盖的干栏式房屋；法属圭亚那的奥亚皮印第安人、巴西亚马孙河地区的土著居民都习惯于干栏式房屋的生活。巴西的干栏式建筑旁往往立着树干作为梯子以方便出入。

长江流域的干栏式建筑，在新石器时代是非常普遍的一种民居形式，只是由于大多数分布在河湖沼泽地区，木质不便保存，所以遗留下来的聚落至今不多。江苏海安青墩遗址，是长江北岸的一个干栏式建筑村落，距今已有大约5 600年。这个遗址在海安县城西北的沙岗乡，东距黄海仅50多千米，处于里下河地区南部的低洼湿地中，平均海拔高度仅3米左右。遗址至今仍四面环水，同广东高要茅岗遗址一样，这个水乡湖居的氏族主要经济活动是渔猎，稻作农业十分落后。遗址中发现了多处干栏式建筑遗迹，形制同河姆渡遗址的建筑十分相似。青墩的氏族先民建房时将木桩的根部砍削成圆锥形，或将一面砍成斜面，夯砸入青砂生土内，然后再分别绑扎长木条和木棍以为板壁，或当作居住面的骨架。有些木条的一端尚遗有榫卯的痕迹。屋顶一般用芦苇搭盖。

干栏式房屋建筑艺术，在中国建筑艺术史上占有相当重要的地位，

---

① 《广东高要茅岗新石器时代干栏式建筑遗存》，《史前研究》1985年第1期；并见安志敏《干栏式建筑的考古研究》等。

它开创了与北方地区流行的半地穴式建筑完全不同的另一种建筑形式。这种建筑由于高出地面，既可防毒蛇猛兽之害，又可避潮湿和瘴气，因此很适合长江流域及华南地区的居民生活。河姆渡遗址出土的各种形式的榫卯木构件，如柱头和柱脚榫、梁头榫、燕尾榫、双凸榫、双叉榫、透孔卯、梢钉孔、企口板等较成熟的先进木作技术，对后世的木结构建筑产生了深远的影响。

随着社会生产力的发展和自然条件的改变，人们的居室建筑也在逐步变化。干栏式建筑一方面依着自身的规律在演进，主要表现在建筑构件的多样性和结构的科学性，同时表现在质量的改进和美观、精巧方面；另一方面随着生产方式和生活习俗的变革而有所淘汰和更替，有一些干栏式建筑的村落逐渐为地面土石结构的房屋所取代。如湖南岳阳地区的洞庭湖东岸坟山堡遗址，早期居民在湖滨沼泽区营建干栏式房屋，后来开始出现地面建筑，并掌握了在居住面铺沙和红烧土防潮、增加居住面硬度等建筑技术，反映出洞庭湖地区早期新石器时代人们对居址建设的认识不断发展①。

二、窑洞式房屋建筑艺术

新石器时代晚期，中国西北黄土高原开始出现一些窑洞式建筑群，主要分布在宁夏、甘肃、陕西、山西一带，这种古老的建筑艺术，以特有的自然条件和别具一格的形式，表现出中华民族建筑艺术的丰富内涵，并世代沿袭传承至今，为传统文化增添了光彩。

宁夏清水河上游的原州区东山至黄峁山地区，新石器时代晚期曾居住过许多氏族部落。河川乡的苟堡村，考古学家发现了当时的一些窑洞式居室。这里的窑洞大都开凿于阶地之上，背依山坡，面临河流。室内平面呈圆角方形，有的窑洞里面两间相连，很有特色②。与其相邻的甘肃宁县马莲河西岸的阳坬遗址，不仅发现了一些窑洞式房屋，同时还有地穴式和半地穴式建筑。有些窑洞内的地面经过认真修整，首先将地面

① 《钱粮湖农场坟山堡新石器时代遗址》，载《中国考古学年鉴》1992 年，第 273 页。
② 《考古学年鉴》，文物出版社，1995 年版，第 252 页。

平整夯打，然后在上面用一层草拌泥抹平，其上再铺垫厚约 3 厘米的礓石粉末，最后以白灰面抹平。同时，穴壁周围也涂抹一周高约 20 厘米的白灰面，显得十分整洁美观。室内有高出地面的灶台，近门道处还特置一个椭圆形小坑，以便收集和清除从外面流入的雨水[①]。类似的窑洞式建筑，在甘肃合水县的曹家沟、牛头山等仰韶文化晚期遗址中和后来的齐家文化遗址中常有发现，可见这种建筑形式是西北地区原始居民充分利用黄土高原的有利条件，因地制宜的建筑形式。这种窑洞式建筑节省建筑材料，技术较易掌握，同时坚固实用，所以数千年中一直为人们所喜爱。

1978—1984 年，考古学家在山西襄汾陶寺遗址发掘出新石器时代末期至夏代的大型氏族聚落和墓葬群，出土的丰富遗迹遗物向人们展示出中国社会发展史中阶级产生、国家萌芽出现时期的生动图景。这个遗址中的早期遗存属龙山文化阶段，距今约 4 800 年，清理出的一批窑洞式居室，较甘肃的窑洞有所进步。

陶寺遗址的窑洞共发掘清理了 17 座，其中多已残破不堪，完整的居室极少。氏族先民选择较高的土坡掏挖窑洞，多数门口朝向西南。窑洞内的居住面一般呈直径 3 米左右的圆形，均经火烧烤，非常坚硬而平整。洞口修筑成台阶式或斜坡式门道，洞门高度大都不足 1 米，人须弯腰方可出入。有的门道外还遗留着人们长期活动而踩踏出的路面。窑洞内的居住面上设有火塘，多数在室内正中，少数设置一侧，形状以长方形或圆角方形居多，这种火塘主要用于取暖防寒，炊煮则另有一个烧灶，设在靠近窑门的左侧或右侧，紧贴墙壁，一般是在窑壁上掏挖的，呈半圆形，上部有一条略呈弧形的灶箅，距灶底约 30 厘米。有些窑洞内除了火塘和烧灶外，还沿墙壁的底部向里掏挖一个或两个洞龛、壁龛，类似小窑洞，便于存放陶器杂物。有的小窑洞与主窑洞之间用木栅栏间隔开。为了防止洞顶塌陷，许多窑洞内有一两个木柱支撑窑顶。柱洞很大很深，洞壁填塞碎陶片并经砸实，可知这种窑柱是相当坚固的。

---

① 《甘肃宁县阳坬遗址试掘简报》，载《考古》1983 年第 10 期。

全部窑洞内壁剖面呈半圆形穹隆顶。个别窑洞的弧形壁面尚存高达 2.8 米，显得相当宽敞[①]。

靠近河套地区的内蒙古凉城县元子沟遗址，也曾发现龙山文化时期的 10 余座窑洞式房子，在岱海周围这种窑洞很少见到。房内中央有灶，墙壁及居住面都抹有一层白灰面，其建筑风格与甘肃、宁夏的窑洞相同，说明这种建筑技术在黄土高原地区有比较广泛的传播和应用。

宁夏海原县菜园村遗址的窑洞建筑，代表了西北黄土高原地区这种独特建筑的高度技术。在这个遗址的窑洞群中，有穹隆顶即双曲拱顶和筒拱顶即单曲拱顶两种形式。其中 F_{13} 居室呈马蹄形，面积约 25 平方米，室内筑一堵隔墙划分成小空间，还掏挖出小套窑。窑洞内另外掏挖数个窖穴；还有两个壁龛；有 48 处在墙壁上插入燃烧的松明形成壁灯的痕迹；居室和门洞内还有防险支柱的遗迹。这处窑洞聚落结构复杂，F_{13} 是目前北方窑洞遗址中规模最大、遗迹最丰富的建筑艺术杰作。

第四节
新石器时代晚期城市的崛起

>>>

龙山文化时期，农业和手工业经济的发展使各个部落有了更多的剩余产品，从而扩大了以物易物的交换领域。氏族首领攫取到越来越多的财富，也不断追求从交换中获得的精美陶器、铜器和玉石装饰品。交换使一些人口集中、地点比较固定的集市成为周围地区政治、经济和文化、技术交流的中心，城市就在集市的基础上发展产生。

---

① 《陶寺遗址 1983—1984 年Ⅲ区居住址发掘的主要收获》，《考古》1986 年第 9 期。

薄胎黑陶高柄杯

薄胎黑陶高柄杯是1975年山东省胶州三里河出土的新石器时代文物。薄胎黑陶是龙山文化时期人们生活习俗和审美观念的反映，代表着黑陶技术的最高成就，被世界各国考古界誉为“四千年前地球文明最精致之制作”。薄胎黑陶高柄杯仅出土于少数大中型墓葬之中，应当是显示身份的重要礼器。

为了维护本氏族和部落的利益，保护新兴贵族的财富，许多聚落周围过去的壕堑已不适应经济发展的新形势，而改之以修筑坚固的高大围墙，这就是中国大陆最早出现的城堡。所谓城，是指人们在聚落上构筑的防御性设施及拥有这些设施的其他建筑群。这种防御性设施在以仰韶文化为代表的新石器时代中期以前，一般是环壕形式，壕沟内外侧亦有挖壕取土垒堆的土垄。这种环壕式设施就是新石器时代晚期出现的城墙及护城壕的前身。所谓市，是指以这种城堡为依托的物资交流活动及其所占据的空间。新石器时代晚期中国大陆上崛起的早期城市，都是以政治中心和防御性质存在的，物资交易的集市只是城市发展的附属产物。

龙山文化的城址，在黄河流域和长江流域不断被发现，其中河南境内的有登封王城岗、淮阳平粮台、郾城郝家台、安阳后冈、辉县孟庄等处。这批城堡遗址的发现，说明4 000多年前中原地区的城市建筑和物资交流、交通状况都有了很大的发展；在山东境内，龙山文化的城址有章丘龙山镇、邹平丁公村、寿光边线王村、临淄田旺村几座规模较大、遗存丰富，反映齐鲁大地的古代文明是与中原并驾齐驱的；此外，在内蒙古河套地区、辽西地区也发现了一些当时的古城遗址。长江流域的新

石器时代晚期城市，20 世纪末也有许多重要发现，其中以成都平原的新津区宝墩、都江堰芒城、郫都区、温江区鱼凫村、崇州双河等五座古城址的发掘清理最为引人注目；1992 年在长江中游南岸发现的湖南澧县城头山古城址，建筑修建于屈家岭文化时期，距今已近 4 700 年，是目前中国大陆发现最早的古城址，意义十分重大。

新石器时代晚期的城堡建筑艺术，是社会经济发展的必然结果，它是建立在新的建筑材料和建筑技术基础之上的。

龙山文化时期的房屋建筑，长期以来被考古学家称之为“白灰面建筑”，这是因为在这一时期的住宅建筑中，房屋内的居住面以及内墙的一定高度都抹上一层白灰面，使房间里显得洁白、干净、美观，还可以防潮和防虫蛀。与仰韶文化时期的硬土面或红烧土面相比，白灰面的广泛应用显然是原始建筑艺术上的一个重大进步。另外，在山西襄汾陶寺遗址的房内白灰面上，发现了刻画的几何形图案；在山西石楼、陕西武功、宁夏固原等聚落遗址的白灰面上，都发现了用红彩描画的墙裙装饰，表明建筑的美感已被人们更深刻地认识了。

土坯制造技术的出现，是中国原始建筑艺术上的一个突出成就。在河南龙山文化的许多地面建筑民居中，都曾发现用土坯砌墙的房舍。那时的土坯大小尚无统一规格，一般比现代的普通砖坯大得多。土坯墙比木骨泥墙具有更大的强度和耐久性，也更显得整齐美观。土坯的应用既增加了墙体对屋顶的载重力，也增加了房屋的保暖性，便于开设门窗，便于重新修缮，是建筑材料和建筑技术的创新。

夯土建筑技术的发展，促进了城堡建筑的发展。新石器时代中期以前，原始居民已掌握了将居住面层层夯打的技术，使居住面坚固平整、清洁而又防潮。后来随着地面建筑技术的推广，对墙基槽进行多层夯筑的技术很快发展成夯筑房基高台和墙壁的技术。龙山文化的安阳后冈遗址中，就发现了许多夯筑墙壁的圆形房屋，它们都建筑在一个比周围地面稍高的夯土台基上，有的台基夯筑多达五六层，然后在台基上挖槽或不挖槽径直筑墙，墙也是用相当纯净的细土一层层夯筑而成的，而且室内地面都在垫土后经过夯打。山东龙山文化的日照东海峪遗址中也有建筑在长方形夯土台基上的许多房屋；日照尧王城遗址的龙山文化房屋，墙壁全部用土坯平铺横砌，且层与层错缝，中间涂抹粘泥，表现出很高的技术水平。

白灰面装修技术、土坯制造技术和夯筑技术，是氏族先民长期定居的建筑经验和技术的必然产物。这些建筑技术和新材料的出现，为城堡的出现奠定了基础。

另外，聚落的布局艺术和道路、窑场、水井、桥梁等的建筑技术的提高，也为早期城市的产生创造了条件。

早在20世纪30年代初，河南安阳后冈遗址发掘出的龙山文化城墙就引起了考古学家的注意。当时清理出围绕遗址的西面和南面两部分墙址，长70余米，墙宽2～4米。由于历代毁坏严重，很难窥测这个古城的原貌。

在中原龙山文化古城中，王城岗城址十分重要。登封市位于黄河中游河南省的西部，属于夏文化的分布范围之内，著名的中岳嵩山横亘在县境北部。告城镇位于登封市东南，西北距县城15千米，颍河与五渡河在镇西南交汇。这里地势依山傍水，土质肥沃，气候温和，适宜发展农业生产。王城岗龙山古城就坐落在五渡河西岸。这座城堡有东西两城，城呈方形。西城的西墙长94.8米，南墙长97.6米，城内面积不足1万平方米，规模较小。根据这座城堡所处的地理位置与时代，有些考古学家认为该城即为古史传说中夏禹最早建都的阳城。

淮阳平粮台遗址的城也是方形的，长宽各为185米，整个城堡所占面积约5万平方米，城内面积3.4万平方米。发掘时清理城墙残高约3米，墙顶宽度达10米，为小板版筑法砌成，夯层清楚。这种建筑技术至今仍为中原广大地区所应用。城址四角为弧形，南城墙有城门，两侧有土坯建筑的门卫房。南门的路面下埋设着三条陶水管道以向城外排水，尚残存5米多长。陶水管用榫口套接法安装铺设，管上拍印着篮纹、绳纹和方格纹。在这座城址内，发现了十多座房屋遗迹、3座陶窑和一批灰坑，还有16座儿童墓葬，成年人的墓则埋在城外。

辉县孟庄镇的龙山文化城址规模较大，面积达16万平方米。这座城堡北依太行山，南临黄河故道，修筑在一处坡岗上。城址亦呈正方形，城墙长宽均约400米。主城墙顶宽5.5米，底宽8.5米，残存高度

西周陶水管

两千年前，古罗马人架设高空引水渠道，让不少人津津乐道。其实，我国先民的引水设施要远远早于古罗马。两千年前，汉王朝在长安的宫殿中，就使用了引水陶管。但汉代宫殿中用陶管引水并不是最早的。在陕西关中地区，人们还发现了距今约两千五百年左右的西周时期的陶水管。

为 0.2 ～ 1.2 米，部分地段保存着高达 2 米的墙体。除西墙大部分遭到破坏外，其余三面保存较好。城墙为黄花土夯筑而成，土质坚硬，内含较多料礓石及少量龙山文化时期的陶片，夯层厚 8 ～ 15 厘米。夯窝呈圆形，圆底状，直径约 1.5 厘米，是用集束木棍夯成的。主城墙内外两侧都有宽约 10 米的附加部分来巩固墙体。根据勘察，这座古城曾经修复过。城墙外有一周护城河，河底距地表深 5.7 米，可见这座城堡的防卫是相当森严的。

郾城郝家台发现的一座龙山文化晚期古城址，平面呈长方形，南北长 200 米，东西宽 164 米，四个城角保存较好，城内还发现了水井。

中原地区的这些城堡，与同时期的大型村落显然是不同的。除了高大的城墙外，有的城门还设有守卫，城外有护城河，城内住房也比一般村落的半地穴式为主的房屋更为先进优越，属于以军事防御性质为主的城堡。郾城郝家台城内发掘出成排的房基，有的还铺有木地板，可能是奴隶主的居室，但各个城址中还没有发掘出更大规模的建筑群。总的看来，这批古城的规模都不很大，但确实已具备了城市的雏形。从时间上来看，这批古城都是在龙山文化晚期出现的，但它们的繁荣阶段已进入夏代了。

黄河下游地区发现的几座龙山文化城址，规模和形制都与中原地区的大致相同。最早发现的山东章丘市龙山镇的城子崖遗址，是中国远古社会极其重要的遗址，龙山文化即以此而定名。该遗址在1928年和1930年经过两次发掘，首次揭示出以精美的磨光黑色陶器为显著特征的龙山文化，是中国考古学家发现和发掘的第一处新石器时代遗址，在中国考古学史上有开创性的意义。1990年进一步勘察和试掘表明，这处遗址的“城子”是由龙山文化城址、夏代的岳石文化城址和周代的城址三城重叠的，是中国早期文明在东方的一个中心。

城子崖的龙山文化城址，平面近方形。东、南、西三面的城墙比较规整平直，北面城墙弯曲并向外凸出，城墙的拐角处呈弧形。城内东西宽约430米，南北最长处达530米，面积约20万平方米。深埋地下的城墙宽达8～13米，这座古城4 500年前矗立在齐鲁大地时，气魄是很雄伟的。

修筑这座古城时，城墙大部分挖有基槽，少数部位则利用沟壕填实夯筑起墙身。城墙的夯土结构有两种，一种用石块夯砸，一种采用木棍夯砸，表明城墙的修筑时间有早晚之分，也显示出龙山文化不同阶段夯筑技术的发展。早期的夯土未能分层；中期重修的城墙夯层已比较清晰，但层面尚不平整，夯窝也不十分清楚；晚期城墙夯层清晰，有较平整的层面。不过，当时仍未出现比较先进的版筑技术。

这座龙山文化的城址，面积之大在各地同时期的城市中居于首位。城内有丰富的文化堆积，各个发展阶段的堆积相互叠压，彼此打破的关系十分复杂，出土了不少精致的陶器和石器。这些迹象表明，这座重要的东方古城主要的性质已不是军事防御的城堡，而是一个具有一定水平的手工业经济和市场贸易的中心。

邹平市苑城乡的丁公村，1991年发现了一座保存较好、面积较大的龙山文化城址。这座古城平面呈圆角方形，面积约11万平方米。城内的文化堆积厚3米左右，出土文物的年代包括了龙山文化从早到晚的全过程。在这座城堡的下面，积压着新石器时代中期大汶口文化的遗存；而龙山文化遗存的上面则是夏代东夷族的岳石文化及商代、周代的

龙山文化博物馆

龙山文化博物馆，原名为城子崖遗址博物馆，是山东首座史前遗址博物馆。

遗存，可见这里是从远古到三代人烟稠密、经济发达的地方。

寿光市孙家集乡边线王村北的龙山文化时期城址，是 1986 年发现的。城墙和城内的堆积都已受到历代的破坏，但两圈城墙的基槽尚存，内圈基槽平面呈不规则方形，面积约 1 万平方米，东、西、北三面各有一门，南面因挖土破坏，城门已不复存在。城墙的基槽口大底小，口宽 6 ～ 8 米，深 4 米多。在不平整的夯层面上有大小形状不一的夯窝。外圈基槽也呈不规则方形，面积 5.7 万平方米，四面有门与内城城门相对应。据考古学家研究，这座龙山文化的古城是分两个阶段修筑的，内圈城修筑较早，外圈城较晚，反映着城市的规模随着人口的增加和经济的发展而逐步扩大。

田旺龙山古城，1992 年在临淄田旺村东北的龙山文化遗址中发现，平面为圆角竖长方形，面积约 15 万平方米。城内龙山文化堆积厚约 2 米，其下也埋藏着大汶口文化的遗存，其上是夏代的岳石文化城址和周代城址。由此可知，这座城市与丁公村古城一样，自龙山文化至周代，绵延上千年，几经盛衰，成为山东古代文明的历史见证。

山东地区龙山文化晚期出现的早期城市，已不完全是单纯用于防御的军事城堡，而是具有一定区域性政治、经济、文化、军事中心地位的城市了，只是市场经济还处于以物易物的交换阶段，城市经济的主要标志货币还没有形成。比起中原地区，这些城市都有较大的规模，城内都有极为丰富的龙山文化堆积，反映出在城市中居住的人口已相当可观。在这些古城周围，都分布着一批不同规模和数量的龙山文化遗址。城子崖古城周围的龙山文化遗址多达 40 处以上，说明这些古城是在一定地域中起重要核心作用的。发掘表明，城市中的出土遗物手工业技术水平明显高于周围的聚落，主要表现在陶器制作十分精美。另外，这些古城的文化遗存都经历了上千年的发展，城市的出现是当地经济发展的必然产物。但是，龙山文化的这些古城，还不是夏代以后那种以商品交易为基础的城市。商业城市的产生是奴隶制王朝建立和发展到一定时期以后才实现的。

与黄河流域的龙山文化古城相辉映，长江流域在这一时期也矗立起一座座规模宏伟的城堡，成为华夏文明的先驱。

1992 年，在长江中游南岸的湖南澧县城头山遗址，发现了一座圆形城堡遗址。城外有护城河，城的四面各有一座城门，城内中央有数座巨大的夯土台基，至今保存基本完整。碳十四测定表明，这座古城建筑在距今 4 700 ～ 4 000 年间的屈家岭文化中晚期，至夏代仍在使用。不过，在此基础上扩建的夏代石家河文化古城，建筑技术已有明显的进步①。类似城头山遗址的屈家岭文化古城，在南岳平头山遗址、石首走马岭遗址亦都有发现。

成都平原的新石器时代晚期城堡遗址，对研究古代城市建筑艺术和西南地区早期文明有重大价值。20 世纪 90 年代调查和发掘的几座龙山文化时期古城，建筑技术是相同的。新津区的宝墩古城，基本上是长方形，南北长 1 000 米，东西长 600 米，面积达 60 万平方米。城墙为坡

① 《澧县城头山屈家岭文化城址被确认》，《中国文物报》1992 年 3 月 15 日；另参见何介钧《石家河文化浅析》，载《纪念城子崖遗址发掘 60 周年国际学术讨论会文集》。

新石器时代大口瓮

从新石器时代早期开始，中国境内陶器的制作便是多元的，从形态、艺术地角度看，由于各地环境、生活方式等的不同，陶器的形态也千差万别、异彩纷呈。

状堆积，未发现护城环壕；郫县古城长650米，宽约500米，面积32.5万平方米，城址内清理出一批地面起建的方形房屋，均为木骨泥墙的红烧土建筑，与宝墩城中的房屋建筑形制一样；温江鱼凫村古城，平面呈不规则多边形，南垣至今在地面仍保存较完整，长约600米，东垣呈外弧形长440米，西垣长370米，东北垣长280米，城址面积约32万平方米。南垣存高3.5米，顶宽15.5米，墙脚宽30米，墙的构筑方法与宝墩城址一样为斜坡堆筑，墙基铺一层卵石，部分墙体在堆砌过程中也夹杂着一层层卵石以加固；崇州双河古城面积约15万平方米，城址基本呈正南北方向，城垣分内外两圈，间距约15米。东垣内圈城垣长约450米，残垣最高达4米。都江堰市的芒城遗址，古城址的结构与双河古城相似。以上几座巴蜀地区的新石器时代晚期古城堡遗址，都分别出土了一批房址、灰坑、墓葬和丰富的陶器、石器，展现出与中原地区和江汉平原不同的风貌①。

在北方，20世纪后期于内蒙古中南部先后发现了包头阿善和凉城

① 《成都史前城址发掘又获重大成果》,《中国文物报》1997年1月19日。

老虎山石城聚落，准格尔旗、清水河县一些遗址也发现了石城聚落，都是龙山文化时期的建筑。这批古城址基本上集中在三个地区，一是凉城岱海周围；二是包头大青山南麓；三是准格尔和清水河之间的南下黄河两岸。他们分属于三个军事民主制的部落联盟，是夏商以后北方地区的方国的前身。

以凉城老虎山遗址为代表的岱海石城聚落遗址群，均位于蛮汗山南麓向阳坡地上，面向岱海开阔盆地。主要城址有老虎山、西白玉、板城、大庙坡等。老虎山遗址四周环筑石墙，面积约13万平方米，石墙依山势走向修筑，上窄下宽，呈不规则三角形。保存较好的北墙长约600米，西南墙残留痕迹长405米，两道墙在遗址西北角的山顶上会合，与山顶平台上的长约40米的小方城连接。北边石墙在山坡陡峭处发现一处护墙石堆，并在石墙内相距5米处有另一道平行石墙，显然是为了防卫的需要而设置的。山顶小方城北部有两个城门，两门内侧中间有一座长方形石砌房基，长5米，宽3米，是守卫的门房或哨所。小方城中部最高处也有石块铺地的建筑基址。石城的西南、东北都有很深的沟涧，起防护作用。石墙的墙基层层铺垫经过砸实的黄土，厚近2米，宽5米，其上以大小不等的石头错缝垒砌石墙，内填塞碎小石块和黄泥。石墙外侧平齐，内侧不甚规整。围墙内按照山坡的陡缓，修整为8层阶地，每层阶地之上以二三间为一组沿山坡走向建筑起成排的房屋。其他几处石城址中的房子与老虎山的类似，唯园子沟遗址中的房子有不同的形式，其中窑洞式房子造型整齐、规格划一，建筑工艺相当考究。

包头大青山南麓的石城聚落群，均建于南临土默川的台地上，隔川与黄河相望，遗址分布密集，每隔5千米左右便有一处，且往往成组分布，显示出部落联盟的强盛。这里的石城建筑形式与岱海地区的大体相同，在威俊、阿善等石城内，都发现了石筑祭坛。

在准格尔和清水河之间南下黄河两岸，为黄土丘陵地带，与岱海和包头山前地带的地势不同。这里黄河河道下比较深，两岸形成峭壁，地势更为险要，石城多分布在黄河岸边高台地之上。其中寨子塔石城东、西、南三面都是峭壁和陡坡，石城墙依地形起伏修筑。北侧较平缓，为

城子崖遗址

了防卫的需要而筑起两道平行石墙，间隔 10 ～ 15 米，外墙长 142 米，内墙长 137 米，尚存高 1 米。墙外为深沟，城门宽约 4 米，门两侧墙基明显加宽①。

上述河套地区的龙山文化时期石城，碳十四测定年代在距今 4 300 ～ 4 800 年之间。其城堡建筑技术在夏代被夏家店下层文化继承，并为中国古代文明的产生与发展贡献了力量。

新石器时代晚期城市在各地的崛起，表明农业和手工业经济已有了较大规模的发展，社会阶级分化，财富越来越集中到少数人手里。在氏族社会末期，中国的广阔地域内普遍进入军事民主制时期，为了争夺更多的社会资源和保护自己的财产，从氏族中产生出来的一批贵族开始用权力驱使以奴隶为主的其他成员兴建城堡山寨，称霸一方；同时，具有相当规模的手工业生产使商品经济闯入交换领域，加速了氏族成员间久已存在的贫富不均现象，阶级对立日趋严重，部落间的械斗经常发生。

---

① 《内蒙古长城地带石城聚落址及相关诸问题》，载《纪念城子崖遗址发掘 60 周年国际学术讨论会文集》，齐鲁书社，1993 年出版。

虽然早期城市的主要功能是防御性质的城堡，但“市”的萌芽已经在孕育中。龙山文化晚期是一个英雄辈出的时代，黄帝及其后裔在黄土高原为夏代的诞生奠定了坚实的基础。

第五节
新石器时代的雕塑艺术

>>>

在人类的原始时代，真正可以称之为艺术的门类很少，雕塑艺术往往与工艺美术是密不可分的，甚至与制陶、制骨等手工业技艺同样紧密联系在一起。这里介绍的只是与雕塑有关的远古艺术作品及其发展的脉络。中国的原始雕塑艺术早在旧石器时代晚期初露端倪，到新石器时代晚期已有相当大的进步，并开始在建筑艺术上有所体现。其中石雕、骨雕与陶塑制品，在各地考古发掘中都有普遍的发现。

一、石雕艺术与玉饰

人类的原始石雕艺术，是石器时代生产力发展水平的一种标志，也是原始艺术的一种萌芽。中国大陆最早的石雕艺术品，发现于旧石器时代晚期的最后阶段。山西的峙峪遗址曾出土一件钻孔磨光的石墨饰物；北京山顶洞人遗址发现钻孔小石珠和小砾石饰石。这些早期艺术品都经过选材、打制、雕刻、磨光、钻孔等过程，显示出原始人类最初的审美意识和石器加工技艺。

距今一万年前后的中石器时代，全国各地特别是北方地区普遍发现的石镞、石叶、石刀和雕刻器等，大都经过仔细的琢制加工，已经形成了不同于欧洲和非洲大陆的工艺传统。

原始氏族先民最早把石雕技术应用到农业生产领域方面，是在新石

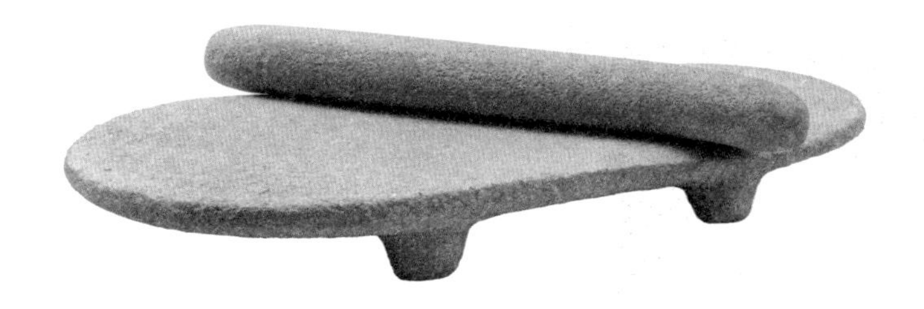

裴李岗文化石磨盘石磨棒

此石磨盘为椭圆形，正面平坦，两端均为圆弧状，前宽后窄，腰部内收，形制颇似一个鞋底，底部有四个柱形足、琢制而成。由于长期使用，盘面中部已被磨损低凹。整套石器线条流畅，磨制精细，显示着中原先民娴熟的石器加工技巧与发达的农业文明。

器时代早期的裴李岗文化和磁山文化等遗址中大量发现的石磨盘、石磨棒、石铲、石镰等生产工具应用的技术。裴李岗文化的石磨盘，是一种有固定形式的产品，石器经过仔细加工处理，工作平面呈舌形，后端较直平，前端为圆弧形或尖弧形，一般长 50 厘米左右，宽 40 厘米上下，最长的达 90 多厘米。底部大多有 4 个圆柱式短足，使磨盘能稳固地支放在地面上。整个磨盘经过认真加工，琢磨得十分平整光滑，4 个短足加工精细，匀称有力。在没有任何金属工具的条件下，人工雕琢、磨制这种石磨盘是十分不容易的。与石磨盘配合使用的石磨棒，也是通体磨光，这两种谷物加工工具在当时农业生产比较低下的状况中，经常用来碾碎采集的野生植物籽实。

裴李岗文化的锯齿石镰，也是氏族先民一种独特的艺术创造。这种石镰呈半月形，直刃，刃部有密集的锯齿，缚柄的尾端背部略上翘，其下有缺口或钻孔以便捆绑木柄，磨制精细，通体光洁，显示了先民石器制造的成熟技艺。裴李岗文化的石磨盘、磨棒和锯齿石镰，不论是造型还是工艺水平都具有很高的审美价值，又十分有利于生产实践，提高劳动效率，其中凝聚着 8 000 年前氏族先民的智慧和心血，堪称杰出的艺术品。用来耕种翻挖土地的石铲，扁平匀称，在整个新石器时代一直被人们效仿，它也是一种美观实用的重要农具。

新石器时代中期，各地的石雕技术异彩纷呈，磨制石器在数量和质

龙山文化石雕人面

量、种类上都有显著增加，选材、琢坯、磨光、钻孔和造型艺术技巧不断提高，普遍出现了石斧、石铲、石刀、石锛、石凿、石锄等工具，有些地区还根据自然条件创造生产了石犁、耘田器、石杵臼等工具；石矛、石镞等武器和石环、石笄等装饰品也大量出现。这些石制品以美观的形式、精细的加工技巧组成了新石器时代的生产力发展主旋律，为石雕艺术奠定了基础。

从远古先民的石器制造技术来看，新石器时代早期已经出现了石雕艺术作品，但是迄今极少发现，这恐怕与当时人们的审美意识还很肤浅以及石雕艺术品制作的难度有关；更主要的因素是社会生产水平的低下，人们忙于生计而缺乏美化生活的更高要求，石制品大多是生产工具、武器和小型装饰品。在新石器时代早期的后一阶段，河北武安县曾出土了一件磁山文化的小型石雕人头像，人头呈不规则椭圆形，眼部为圆窝形凸起，口部较大，阴刻倒八字形双眉，以夸张的手法表现了人的脸部特征。额部有一穿孔，可能用来穿系以便佩带，这件中国最早的石雕艺术品，距今已七八千年。

新石器时代中期的石雕艺术已初步形成独立的雕塑艺术，为中国远古社会的艺术增添了新内容。在这一阶段中，艺术品的数量和水平都比早期有所提高，北京平谷上宅文化中发现的一些黑色滑石雕塑饰物，都很生动传神，包括猴头、羊头和小石龟等；辽宁东沟后洼文化出土的人头像、猪、鸟头、虎形饰、鸟形饰、鱼形饰、蝉形饰、虫形饰等达 30 多件，全国少见；四川巫山大溪遗址出土的一件双面石雕人面饰，是在扁平的石片上以浮雕形式刻画出的两个人面形象，在这一阶段中亦属罕见。总的看来，一些动物或人像雕塑都体现出手法简洁、象征性强烈的特点，常常以线条表达雕塑的完整和统一性，当时还没有产生较大的雕塑作品。

新石器时代晚期的石雕艺术作品至今亦发现甚少。甘肃马家窑文化中晚期曾有一些发现，永昌鸳鸯池的氏族墓地中出土的石雕人面像是一件典型的装饰品，在浮雕的椭圆形人面上，用白色骨珠粘黑色胶质物镶嵌着两只眼睛和嘴，显然别具匠心。在青海柳湾氏族墓地中发现的筒形石臂饰，制作技艺也是相当高超的。

新石器时代的玉雕艺术是石雕艺术的分支，也是远古氏族社会雕塑艺术的代表。人类对宝玉石的认识在中石器时代就已经相当深刻了，无论在欧亚大陆还是非洲、大洋洲，中石器时代的大量细石器都是以宝玉石为原料，因而显示出精雕细刻的美丽晶莹。中国新石器时代早期阶段的河南裴李岗文化中，就曾发现以漂亮的水晶石为随葬品的例子。新石器时代中期，玉雕艺术品在全国各地遗址中普遍有所发现，其中以辽宁西部地区的红山文化、山东地区的大汶口文化、江浙一带的河姆渡文化和马家浜文化以及长江中游的大溪文化出土的玉雕作品更具代表性。

红山文化的玉器选用辽宁岫岩县盛产的岫岩玉制作，多数呈绿色或浅黄色，半透明状。这种玉材硬度适中、质地细密、色泽光鲜，在内蒙古东南部赤峰一带和辽宁建平、阜新、朝阳、喀左等地发现的红山文化玉器，具有极高的艺术价值和历史价值。1971 年在内蒙古翁牛特旗三星他拉村出土的玉龙，通体墨绿色，龙为圆柱细长身形，卷曲

红山文化勾卷形玉龙纹

红山文化晚期的玉石工艺有高度的发展，这些玉石雕刻品中，除去龟、鸮、鸟、兽等造型外，还发现一件玉龙，这件玉龙颈脊耸起薄片状的长鬣，体勾曲，尾部尖收而上卷，但没有足，眼呈梭形，已经初具龙的形象，是目前我国发现的最早的龙的样式。

呈“C”形，头部雕刻精细，龙身中部穿有一孔，晶莹光润，是我国发现的最早的龙形玉雕作品。1973年在辽宁阜新胡头沟遗址出土的两件淡绿色玉龟，背部鼓起，眼、口、爪、尾雕刻准确传神，一龟作伸头状，另一龟则头微缩，十分生动。红山文化各遗址出土的玉鸟、玉蝉、玉螭等，显示了氏族先民高超的雕塑技巧和对生活的热爱，对美的追求。

新石器时代晚期的玉雕艺术，以长江下游地区的良渚文化最为典型。在新石器时代中期，长江下游的原始居民就善于玉器制造，马家浜文化和崧泽文化诸部落的公共墓地中经常发现玉雕作品。江苏高淳县固城湖东的朝墩头遗址，曾发现崧泽文化晚期的一件人形玉雕，使人们首次见到了宁镇一带远古先民的服饰情况①。到了良渚文化时期，玉器制造业已十分发达，在全国各地的原始文化遗存中居领先的地位。良渚文化的玉器多呈浅绿色，属透明闪石、阳起石系列的软玉，硬度不高，易于雕刻和造型。在江苏武进区寺墩、苏州张陵山、上海青浦福泉山、浙江杭州市余杭区反山、瑶山等良渚文化著名遗址中，都发现了大量玉雕饰件和礼器。20世纪80年代以后，良渚镇西边的莫角山一带陆续发掘清理了许多氏族墓地和祭坛，反山墓地就是其中的重要组成部分。莫角山周围24平方千米内密集分布着50多处良渚文化的营地、墓群、祭坛和手工业作坊，显示出距今5 000年前后这一地区发达的农业和手工业经济。在良渚玉器中，精巧的装饰品难以数计，最富代表性的就是贵重的礼器。

良渚文化礼器主要有玉琮、玉钺、玉璧、玉牌饰和杖饰、三叉形器等，最引人注目的是琮、钺和璧，其数量之多、质量之精是同时代其他文化所少见的，仅余杭反山的一座大墓就出土大件玉器54件。这些玉器多采用阴纹线刻，减地浅浮雕，也有半圆雕和通体透雕等多种技法。有的图案结构严谨复杂，有的刻画神人和动物，内涵相当丰富。最大的一件玉琮，宽17.6厘米，高8.8厘米，重达6.5公斤，除

① 《中国考古学年鉴》1990年载《高淳县朝墩头新石器时代至周代遗址》。

玉璧作为中国玉文化中重要器型之一，出现早，沿用时间也很长，有着不可忽略的研究价值。良渚玉璧在形制上，除了大小和对钻孔的正偏上存在区别之外，细微处还有两点：一为边沿内凹或直平，二为中孔璧面上凸脊线的有无。

良渚文化玉璧

四角外，四面也雕有神兽面纹，线条流畅，细胜毫发，是玉雕工艺的杰作。玉璧表面琢磨光洁，往往数十件迭放在一处，大小不一，最大者直径达20余厘米。玉钺是当时的权杖标志，捆绑着木柄，柄端亦另有玉制装饰物。有的玉钺两面浮雕着神兽图像，显得十分庄严神秘。

良渚文化的玉雕艺术，不仅表现出手工业相当发达的水平和氏族先民的审美能力、创造精神，也表现出一种原始宗教艺术，各种玉雕礼器反映了当时社会意识形态发生的深刻变化，其晚期阶段已进入了奴隶社会的青铜时代。

二、陶塑艺术

新石器时代的陶塑艺术是中国古代雕塑艺术的萌芽之一，表现在两个方面：其一是氏族先民为了表达自己的情感，用陶土捏塑成一些他们最熟悉的动物形象，用以装饰自己或给孩子当玩具；其二是在一些陶器表面及器盖、把手上捏塑、雕刻出各种动植物形象，既美化了生活，也兼有加固陶器的作用。

早期的陶塑艺术品，在黄河中游的裴李岗文化中常有发现。1978年，在新郑裴李岗遗址出土了几件很小的陶塑猪头和羊头像。猪头塑像有两件，都是正面形态，一件略呈三角形，样子肥胖，有雕空的椭圆形双眼，猪鼻短圆而拱突，生动形象，特征明显；另一件虽已残破，但仍能看出用线条刻画的双眼和有两个鼻孔的小而圆的猪鼻。羊头塑像则显得简单拙朴，双角高翘，用戳印的圆点表示双眼和嘴部。河南新密莪沟的裴李岗文化遗址中，曾发现一件泥质浅灰色陶塑人头像，为一方形正面塑像，双眼雕空，双眼眉嵴突出并左右连成一条线，宽鼻高耸，下颚前突，表现了人物的鲜明特征。虽然这些早期的陶塑艺术品都是简单的捏塑和平面浮雕，表现手法上还相当原始，但它们的题材来源于生活，并注重刻画人物的面部表情，体现出传统雕塑艺术的血脉之源。

随着生产力的发展，新石器时代中期的陶塑艺术比早期有了明显的进步，不仅动物和人物的造型丰富了，而且出现了房屋、舟船、工具等模型，有些已成为有独立观赏价值的艺术品，具有较高的工艺水平，并且广泛流行于全国各地几乎所有的原始文化中。

在黄河流域、长江流域和东北的新石器时代中期文化遗存中，陶塑艺术作品中最为流行的题材是人像雕塑。仰韶文化早期阶段的宝鸡北首岭遗址，发现了一件彩绘人头塑像，原始先民用泥质红陶塑造出的椭圆形人头，双眼和嘴雕空，塑出眉、鼻、耳等器官，位置都很恰当。尤其是这件作品的人面绘画红彩，头发用流行的绳纹来表示，须眉则涂上黑颜色，形象地表现出壮年男子的特征，这也是把雕塑和绘画巧妙结合起来的最早的艺术杰作。类似的人头像，在陕西、河南的一些遗址中也屡有发现，但都没有彩绘。

1964年在甘肃礼县高寺头遗址也出土了一件仰韶文化半坡类型的陶塑人头，面部丰满，双眼雕空，隆起的三角形鼻子中刻出两个鼻孔，头上塑出一条装饰带，整个雕塑比例匀称，技巧熟练。相邻的甘肃天水柴家坪遗址出土的一件人头像，人的面部特征刻画得更为细腻，除五官外，连眼睑、面颊、人中和嘴唇都很逼真，成为这一时期人头陶塑艺术作品中水平最高的一件。1974年在甘肃秦安大地湾遗址还发现一件在彩陶瓶口上雕塑的人头像，面部五官生动形象，头上有披发，前额还有一排整齐的短发。头像作为彩陶瓶的小口，以瓶身的彩绘花纹为衬托，

仰韶文化红陶人面像

仰韶文化石岭下类型。残高15.3厘米，宽14.6厘米。人像高颧阔面，眉梢隆起，嘴、眼镂空成横条状，鼻呈三角形，两耳垂各有一穿孔。

人头形器口彩陶瓶

仰韶文化庙底沟类型彩陶。细泥红陶。高31.8厘米，口径4.5厘米，底径6.8厘米。器形为两头尖的长圆柱体，下部略内收，腹双耳已残。口做圆雕人头像，披发，前额短，发整齐下垂。

堪称优美的陶塑艺术品。类似的将人面与陶器组合在一起的作品，在仰韶文化中多有发现。陕西洛南的一件仰韶文化陶壶，是把葫芦状陶壶的器口塑成人头形，形态比大地湾小口瓶上的人头像更加逼真。

独立的人像雕塑作品，在黄河流域发现较少。北首岭遗址的一件半身人像，圆肩束腰，头部已残，双臂叠放胸前，手上刻画五指。陕西临潼邓家庄出土的半身人像较完整，属仰韶文化较晚的庙底沟类型，头戴高冠，五官端正，胸部挺起，已明显具有立雕的风格。

全国许多新石器时代中期的遗址中都曾发现陶塑人像。在长江流域，河姆渡文化的陶塑人头像用夹炭黑陶捏塑而成，其中一件造型为长脸尖下巴、光头顶，前额和颧骨凸出，具有圆雕的风格；湖南安乡汤家岗遗址下层出土的一件泥质红陶人头像，在椭圆形的头上刻有眼、鼻和嘴，唇部和眉骨明显突出，人的面部特征表现准确，已具圆雕特点。

相比之下，东北地区一些遗址出土的陶塑人像，更为生动传神。辽宁喀左县东山嘴红山文化的孕妇裸像和建平县牛河梁遗址发现的同一文化的彩绘女神头像，都曾使中外震动。东山嘴的女像把孕妇的曲线和肥硕躯体表现得非常逼真；牛河梁的女神像则更为生动，是个体大小不一的群像，普遍认为属祭祀中的女神造型。面部描绘偏向写实，尤其是镶嵌绿松石的眼睛，把女神的智慧和安详表现得淋漓尽致。最大的女神头像竟如同真人般大小，而且除头像外，还发现了形象逼真的手、肩、臂、乳房等残块，显示出当时当地的陶塑艺术已达到很高的水平，是中华民族远古艺术史中的典型代表。此外，在辽西地区的赵宝沟文化、辽东地区的后洼文化中都曾发现夹砂红褐陶雕塑的人头像，说明东北地区新石器时代文化的陶塑艺术在当时是独树一帜的。

除人像雕塑外，动物陶塑仍是新石器时代中期的流行作品。从数量和种类上看，比人像陶塑更为繁多。

猪，是陶塑艺术中表现最多的动物，各地普遍有所发现。河姆渡文化出土的一件陶猪用红褐陶捏塑而成，体态丰满匀称，肌肉突出，长鼻、短腿，低头拱嘴，腹部下垂，已是人们熟知的经驯化的家猪形态。在北京平谷、山东大汶口、四川巫山和辽宁长海等地都先后出土了陶猪，反映出这一时期家猪饲养相当普及。动物雕塑中除了较多的陶猪，还有牛、羊、狗、鱼、鸟、蚕蛹、壁虎等，这些动物雕塑，有些是捏塑的玩具，有些是陶器上的装饰。

新石器时代中期的陶塑艺术不断发展的另一方面表现，在于制陶工匠已拓宽了视野，雕塑出与人们衣食住行密切相关的艺术作品，其中房屋和舟船模型较为常见。仰韶文化中已发现多件陶屋模型，其中陕西长安五楼遗址的方形攒尖顶式地面建筑、武功游凤遗址的圆形攒尖顶房屋

红陶船形壶是新石器时代中期的文物。高7厘米，长19厘米，口径5.4厘米。壶身为两端尖、中间粗的船形。颈部内束，上张为杯形口，两肩部附半环形立耳。通体光素，造型奇特。

船形红陶壶

都很典型。山东大汶口文化也发现了几件陶塑房屋模型，有房檐和门、窗。舟船模型以宝鸡北首岭的船形壶最为著名。在沿海地区的河姆渡文化和辽东半岛出土的舟船模型，更具有实际意义。

到了距今4 500～5 000年前的新石器时代晚期，陶塑艺术在黄河上游的甘肃、青海地区及长江中游的原始部落中发展较为明显。1975年在甘肃秦安寺嘴遗址出土的红陶瓶，瓶口为人头雕塑，与仰韶文化时期秦安大地湾出土的人头形器口彩陶瓶相似，人面五官俱全，排列位置恰当，与大地湾陶瓶人像不同的是在圆眼外塑出一周泥条，以强调双眼的传神特征。相邻的甘肃东乡、宁定等遗址也先后发现了把陶塑人头作为陶器附件的装饰工艺，有的人头形象相当逼真，还用黑色绘画着头发和胡须。天水师赵村出土的双耳彩陶罐上，雕塑出一个有起伏动感的人头像，人头下面还用黑彩画出了身体和四肢。青海大通后子河和乐都柳湾遗址分别出土了有贴塑人像的彩陶壶。

长江中游地区新石器时代晚期，陶塑艺术以动物雕塑最为典型，出土作品较丰富。公元前2400年前后的湖北龙山文化遗存中，在天门邓家湾发现的泥质红陶小型动物雕塑数量多，种类广，显示出陶塑艺术的长足发展。这个遗址在20世纪中期曾多次发现动物雕塑，后来在1987年的发掘工作中，在两个灰坑中发现了数量惊人的雕塑作品，其中仅67号坑就出土数千个，雕塑的动物有猪、羊、狗、鸡、象、虎、熊、猴、鼠、鸟、鱼、龟等，还有许多形态奇异的动物形象，其中人抱鱼的雕塑造型引起了学术界的普遍关注[1]。这批陶塑作品大都生动逼真，刻画细致，四肢较简化，特点相当突出。与新石器中期的动物雕塑相比，邓家湾的作品更给人以动感和美感，技巧比过去进步很大。其中燕尾形的陶鸟，在河南的一些遗址中均有发现，说明它的影响已扩展到中原地区，并对后来的夏文化有一定的促进作用。

中国的雕塑艺术源远流长，其中主要的题材就是动物与人物两大类题材，而尤以动物雕塑见长。这种风格与特点，在原始社会末期的氏族艺术中已渐渐显露出来。另外，随着私有制的出现和国家政权的产生，雕塑艺术并未成为统治者或上层社会的奢侈艺术，而是仍深深地植根于民间，所以直到后来这种艺术也未成为殿堂艺术，只能在民间工匠手中去创造和传播，这是古代雕塑艺术的又一个特点，这个特点在氏族社会晚期也有表现。

① 石家河考古队《湖北省石河遗址群 1987 年发掘简报》,《文物》1990 年第 8 期。

第四章

夏商时期的建筑与雕塑

4

第一节

夏代的建筑艺术

经过了新石器时代农业经济五六千年的发展，中原地区在龙山文化之后进入了中国历史上有据可考的第一个奴隶制王朝——夏代。

夏，是中国古史传说中最早的朝代。《史记·夏本纪》引《竹书纪年》载，夏代之“有王与无王，用岁四百七十一年。”《三统历》说夏代历时432年。商灭夏大约在公元前一千五六百年前，依此推断，夏代纪年从公元前21世纪到前17世纪，共500年左右。

中国历史上是否存在过夏代，20世纪初期史学界曾有不同的看法。自河南安阳殷墟甲骨文证实了《史记·殷本纪》记述的商王世系以后，随着考古材料日益增多，商代的历史已被公认为信史。因此，尽管《史记·夏本纪》记述的夏代世系与商代同样简略，大多数史学家和考古学家都认为夏代的存在是可信的。20世纪60年代以后，碳十四测定技术在考古学上的应用使中国远古及三代的历史更加明晰。考古发现的大批夏代纪年内的文化遗存，其面貌特点进一步证实了夏代的存在。

考古学所说的夏文化，主要指夏王朝时期在一定地域内的夏族的文化遗存。夏族主要活动在河南西部的颍水上游和伊河、洛河下游地区，北及晋南的汾水下游一带。在夏王朝统治的地域内，各氏族部落集团在龙山文化的基础上融合成夏民族，而在其周围地区，则分别存在着其他许多氏族部落军事联盟集团。从文献记载和考古发现所证实的，主要有黄河下游齐鲁先民的岳石文化，黄河上游氐、羌等族先民的齐家文化，长江中游荆楚先民的石家河文化，长江下游吴越等族先民的晚期良渚文化等。此外，在东北还有西辽河流域的一些原始社会末期氏族部落；西南地区和华南也生活着一些经济上落后于中原地区的氏族集团。所有分布在中国大陆上的早期国家和氏族集团，构成了夏代的主人，创造了夏代的历史，共同发展着夏代的经济和文化。

夏代的建筑，包括上述各地夏代纪年内不同地域、不同文化的建筑，反映出多民族国家形成初期的丰富多彩的建筑艺术风貌。

一、二里头文化的建筑艺术

夏王朝的中心区域，文献记载和考古发现均证实在豫西和晋南一带。考古发现其代表性文化遗存，是二里头文化的二里头类型和东下冯类型。

龙山文化经历了一千多年的发展，在晚期已普遍出现了私有制。黄河流域许多氏族部落先后进入更大规模的军事联盟时期，形成了一批在古史传说中很有影响的军事集团，产生了一些有代表性的、神化了的酋长，如黄河下游的皋陶氏、伯益氏；黄河中游的颛顼氏、帝喾氏；渭水流域的炎帝神农氏；淮河流域的太皞氏等。这些大的军事集团经过数百年的交流与融合，在公元前22世纪之前，各自成为城邦制的军事酋长

二里头夏都遗址

二里头夏都遗址是经考古学与文献考证的最早王朝——夏朝的都城遗存，是同时期规模最大的都城遗址。在学界享有“最早的中国”之称。

国，许多高大的城堡出现在黄河中下游地区。黄土高原的黄帝部落集团统辖下的六个巨大的部落联盟，成为活跃在陕西、山西、河南交界地区最强大的力量，建立了中国历史上第一个王朝夏代。

夏代的第一个君主禹，是黄帝的后裔，原是夏后氏部落的一个酋长。夏后氏是河套地区的半农半牧部落，后来沿黄河南下，活动于今河南西部和山西南部一带。在龙山文化之末的虞舜势力控制中原时期，禹以率众治水有功，被各部落推举为舜的继承人。可是禹继位之后，就培植自己的儿子启的力量。禹死之后，启公然杀害了由各部落推选出的禹的接班人伯益，用武力夺取了统治中原各部落的职位。从此，完全废除了远古社会数千年传统的部落首领民主禅让的制度，开创了王位世袭制的“家天下”的局面。公元前 21 世纪，夏朝以奴隶制的全新政治面貌出现在中原地区，中国的社会发展到了一个新阶段。

在古史传说中的夏王朝疆域内，已发现有关遗址近百处，其中代表性的遗址是河南偃师二里头，以该遗址命名的二里头文化，遂成为典型的夏代文化遗存。此外中原一带经过发掘的重要遗址有洛阳东干沟、矬李、东马沟，陕县七里铺，临汝煤山，郑州洛达庙和山西夏县东下冯、翼城感军等十几个地点。

二里头文化的考古发现表明，夏代居民的经济生活以农业为主，农具主要是石器，木质的耒耜一类工具也是日常使用的农业工具。主要农作物是在新石器时代基础上大量生产的粟、黍等。这时，饲养的家畜家禽有猪、狗、鸡、马、牛、羊等，可谓六畜俱全。由于农业和畜牧业、手工业生产能提供较多的剩余产品，物资交流的种类和范围比龙山文化时期有了扩大，交换场所也有了相应的发展。过去规模较大的一些集市和人口密集的聚落，成为贵族们聚居的地方。他们为了保护自己的财产，修建起更加高大坚固的围墙和深涧沟壕，使原来主要用于军事的城堡发展为城市，成为一定地域内政治、经济和军事的中心。为了追求生活上的安逸和获得统治的尊严，一些重要的城市里还分别修建起雄伟高大的宫殿。据文献记载，夏邑、安邑、纶邑、阳城、斟寻、帚邱、斟灌等较大的城市，都是从世代居住的大型聚落和城堡发展起来的城市。相传“鲧作城郭”“夏鲧作万仞之城”“鲧筑城以卫君，造城以守民，此城郭之始也”虽然不很确切，但也清楚表明夏朝已经有许多较大的城市，并且发展了城市建筑艺术与城市文明。

二里头遗址位于偃师二里头村南，北临洛河。在这个遗址中发掘的两座大型宫殿建筑基址，代表了夏代建筑艺术的水平。

1 号宫殿基址位于遗址中部一个略呈方形的大型夯土台基之上。这个台基东西长 108 米，南北宽约 100 米，总面积 1 万多平方米，高出周围地面近 1 米。台基全部用黄土夯筑而成，夯层薄而均匀，每层厚 4 ～ 5 厘米，夯筑得相当坚硬结实。台基边缘还发现了用料礓石铺垫的硬面和踩踏的路土。

宫殿在台基之上的北部正中间，是一座坐北朝南的长方形高台建筑。宫殿的高台基也是夯土筑成，东西长 36 米，南北宽 25 米，其上呈长方形排列，有 22 个大柱洞，构成一座面积达 300 多平方米的雄伟宫殿。每个柱洞直径约 0.4 米，底部垫有柱础石一块。建筑材料中只发现

二里头夏都遗址博物馆

二里头夏都遗址博物馆系统展示了夏代历史、二里头遗址考古成果、夏文化探索历程、夏商周断代工程和中华文明探源工程的研究成果。

木构件灰烬和草拌泥块。结合文献记载，可知这是一座面阔 8 间、进深 3 间，木骨为架、草拌泥筑墙，四坡出檐的大型木构殿堂。

1 号宫殿正南约 70 米，在夯土台基南部边沿中间，设有一座大门。门基宽 34 米，上面整齐排列着 9 个大柱洞，推测这是一个有 8 个门洞的牌坊式大门，或是有东西廓的穿堂门。门外清理出 2 米长的斜坡式门道。大门的东西两侧，沿着夯土台基的四周，有一圈廊庑式建筑遗迹。从遗留的柱洞和墙基来看，廊庑的形式四面不完全一样，西面的廊庑是一面坡式建筑，其余三面都是中间起脊两面坡的形式。这一周廊庑的设置，构成了一个以中间的高大殿堂为主体建筑的封闭式大型庭院，使这座由殿、庑、庭、门组成的宫殿建筑结构合理，布局严谨，主次分明，显示了夏代建筑艺术的发展水平。

2 号宫殿基址位于 1 号宫殿东北约 150 米处的另一个夯土高台基上，形制与 1 号宫殿近似，但面积较小。同样是由大门、廊庑和中心殿堂组成一组宫殿建筑群。不过，2 号宫殿的殿堂稍大，面阔为 9 间，进深仍为 3 间。庭院里地下铺有陶制排水管道。中心殿堂后面是一座大墓，与庭院大门南北对应，该墓早年被盗空，看起来 2 号宫殿更具有宗教意义。

在1号、2号宫殿建筑之间，有石板或卵石铺设的甬路相通连。

二里头遗址的这两座宫殿建筑，都是长方形的庭院式布局，方向为正南北，其中又以坐北朝南的方形高台基殿堂为主体，周围有一些附属建筑物。在建筑形式上，两座宫殿群都具有气魄宏大而形态规整的面貌；在结构上则主次搭配，相互对应，形成一个布局严密和谐的统一整体。其柱础石、卵石路面、陶水管道等都体现了先进的工艺技术。这种夯土高台建筑显然继承了新石器时代晚期的建筑传统，院落式布局又为此后中国传统建筑所长期采用，可见中国的传统文化和建筑风格是源远流长、一脉相承的。

二里头遗址东西长约2 500米，南北宽约1 500米，是一个统辖千里王畿的大都邑。在两个宫殿基址附近，还有40余座夯土台基，估计其中也有许多宫殿基址。在遗址内还清理出夏代的制陶、制骨和冶铜作坊遗址，表明二里头遗址是个殿堂相连、宫室栉比、规模壮观、气魄宏伟的早期王都。

宫殿建筑作为为统治阶级服务的建筑艺术，除了要求最大限度地满足统治者的物质生活要求外，还要反映出奴隶主的高贵与尊严，显示他们掌握人间生杀大权的威风，具有一定宗教色彩。仅以1号宫殿的台基建筑为例，据统计所用夯土的总土方量即达2万立方米以上，至少需要动用十几万个劳动日来完成夯筑。再加上挖基穴、垫柱础、木工和泥水工匠的盖房工序，其所需劳动日当以数十万计。这样巨大的建筑工程，在新石器时代的氏族社会中是不可能实现的。只有在阶级社会的奴役制度下，通过国家这个强制机构，实行强制性劳动才有可能办到。据《竹书纪年》载："夏桀作琼宫瑶台，殚百姓之财"，虽然追述的已是夏代末期的事情，但亦可反映出夏代早中期宫室建筑中的富贵华丽中浸透着奴隶的血汗①。

与二里头遗址的宫殿建筑相比，普通的民居和奴隶居室则显得十分简陋。考古工作者在1983年清理了二里头遗址中的8座半地穴式房屋

① 参见《考古》1974年第4期、1983年第3期等有关发掘报告。

陶窑

自新石器时代晚期先民们就在这片土地上开始制作陶器，陶瓷的烧制模式，从旧时的土窑、窑、圆窑，逐步演变为滚窑、方窑、隧道窑，早期陶窑的燃料通常用木柴和植物茎干。

和60多个灰坑，还有铸铜遗址、陶窑及水井，1985年又发掘出2座面积较大的长方形房基和一些小型半地穴式房址①。这些平民和奴隶的住室，基本上与氏族社会时期的房子形制相同，仍然是穴居生活，或泥屋草棚。二里头遗址的建筑遗存反映了奴隶制初期的社会生活状况。由于社会发展的不平衡性，在黄河流域以外的其他地区，夏代的居室建筑有不同的面貌。目前还没有发现这一时期类似二里头的宫殿遗址，但是已经发掘出一批当时的城堡和奴隶主贵族的高堂大屋建筑遗迹，还有数量较多的平民及奴隶的房屋遗址。其中黄河下游岳石文化的城址与村落遗址，黄河上游齐家文化的村落遗址，长江中游石家河文化的城址与村落遗址，以及其他边远地区的城堡、村落、祭坛和附属的手工业作坊、陶

① 《中国考古学年鉴》1984年、1986年关于偃师县二里头遗址的报道。

窑、窖穴、水井等建筑遗存，为我们揭示出前2000前后夏代纪年内全国各地不同文化背景的建筑特点、艺术风格。

二、海岱地区岳石文化的建筑

岳石文化，是夏代分布在黄河下游山东各地的物质文化遗存，早在20世纪20年代考古学者就已经发现了这种文化的遗物，但很长时期没有被人们所认识。20世纪80年代以后岳石文化被考古界确认，成为夏代齐鲁地区文化的代表。目前，考古调查和发掘证明岳石文化的分布范围与山东龙山文化是一致的，主要集中在胶莱河、汶河、泗河、沂河、沭河各个流域，代表性遗址有平度东岳石村、牟平照格庄、乳山小管村、烟台市芝水、海阳司马台、长岛黑山庄、龙口邹家、泗水尹家城、兖州西吴寺和东桑园、益都郝家庄、茌平尚庄、菏泽安丘堌堆、潍坊姚官庄、章丘城子崖、寿光火山埠与丁家店、邹平丁公、济南大辛庄、临沂土城子、诸城前寨、莒南化家村及江苏赣榆下庙墩等，大小遗址已有100多处。岳石文化以海岱地区为中心，影响所及江苏北部、安徽北部和豫西、冀南、辽东半岛各地，碳十四测定数据在公元前16世纪至前20世纪，相当于中原夏王朝统治时期。

岳石文化的城址在章丘龙山镇的城子崖、临淄田旺村都已发

|夯 打|

版筑技术也叫作夯筑或夯土技术，具有悠久的历史。从4 000年前的龙山文化遗址可以发现，当时人们就掌握了较为成熟的夯土技术。可见到的临洮秦长城及汉以后的许多段长城，就是夯土版筑而成的。

现。城子崖的夏代古城是在龙山文化城址的基础上兴建的，城内面积约17万平方米。城墙的修筑，采用了十分成熟的夹板挡土和用成束木棍夯打的版筑技术。岳石文化的房屋建筑发现不多，以方形和长方形的地面建筑为主，也有少量浅穴式建筑，并发现了连间的排房。挖槽立柱的木骨泥墙和夯筑土墙的墙体结构比较流行。地面和墙壁多经火烧烤，或涂抹一层白灰。这些特点都是继承了山东龙山文化的房屋建筑技术发展而来的。另外，岳石文化遗址中发现了铺垫庭院、精心加工窖穴和用陶片铺设室内地面的现象；还有的房址以扁平大石块为柱础，立柱后相间用灰、黄色土层层夯打的筑墙方法；也有挖深基槽，然后分层填土夯打的筑墙方法。这些房屋建筑技术，都比龙山文化时期有所进步①。

三、黄河上游齐家文化的建筑

新石器时代末期到青铜时代早期，黄河上游一带生活着以农业生产为主，兼营渔猎和畜牧业的部落，考古发现的齐家文化，是这些部落中的突出代表。

齐家文化主要分布在黄河上游及其支流渭河、洮河、大夏河、湟水流域。据碳十四测定，年代在公元前2000年左右，正当中原夏王朝统治时期较早阶段。该文化以1924年发现的甘肃广河县齐家坪遗址而得名。半个多世纪以来，发现了这一部族在黄河上游活动的许多遗迹和遗物，再现了他们当年开拓西北地区，发展农业和畜牧业经济的情景。这批重要遗址有甘肃武威皇娘娘台、永靖大何庄和秦魏家、兰州青岗岔、秦安寺嘴坪、天水西山坪和师赵村、渭源寺坪，青海乐都柳湾、贵南尕马台、大通上孙家，宁夏固原海家湾等，大小遗址计350多处。从村落遗址建筑、公共墓地、生产工具和日用器皿各方面，展现出夏代时西北边鄙的氏族部落社会结构、生产力水平的急剧变化。

这种古老文化的氏族生活比较稳定，村落遗址都坐落在便于人们生活的河旁台地上，房子大多是方形或长方形半地穴式建筑，屋内一般用

---

① 栾丰实《论岳石文化的来源》，载《纪念城子崖遗址发掘60周年国际学术讨论会文集》，齐鲁书社，1993年版。

齐家文化单把杯

齐家文化是以甘肃为中心的新石器时代晚期文化，并且已经进入铜石并用阶段，其名称来自其主要遗址甘肃广河县齐家坪遗址。是分布在河西走廊地区一支重要的早期青铜时代的考古学文化。

红陶鬲

红陶鬲，敞口束颈，浅裆，三矮足，通体外饰粗绳纹。该件文物制作精致，高大厚重，鬲为红色，显得优美别致不俗，绳纹流畅，对研究西周陶器史和生活用具有重要价值。

白灰面装饰，非常整洁美观。地面中央有一个圆形或葫芦形灶址。这种房屋建筑结构，是黄河流域龙山文化时期最为普遍的形式。

1984年，考古工作者在天水市郊师赵村发掘出齐家文化的村落建筑，经清理的24座房址大部分保存完好。根据房址的布局可以分成两组：第一组16座，除3座房址单独排列外，其余13座围拢成一个椭圆形，一座门朝南，其他12座门彼此相对朝着中央一块空地；第二组8座房址，一座门朝向东北，其余门皆朝南。看来这两组房址分属于两个父系大家族。在这些房址中，尚有两座圆形半地穴式房屋建筑较早，其余长方形半地穴式房屋略晚。

圆形房子的特点是先在地下挖一圆形竖穴，穴壁即为房子的墙壁。室内地面坚硬，似经拍打。居住面中央有一圆形灶址，灶内遗有红烧土和灰烬，由于长期使用，灶面烧烤得十分坚硬。长方形门道在房子一

侧，呈竖式或阶梯式。

长方形房子的特点是：平面为圆角长方形，伸入地下的房子墙壁均向内倾斜，居住面也很坚硬。地面中央有一圆形灶坑，坑内充满红烧土。有的灶上还存放着鬲或斝等粗陶炊煮器。在房子的一侧伸出长方形门道，分为竖穴、阶梯、斜坡式三种。在齐家文化的这些建筑内，从墙壁、居住面一直延续到门道的后半部，均涂抹一层白灰面，光滑平整，可见当地的居民很注意房屋的装饰艺术①。

类似的齐家文化民居建筑，在甘肃秦安寺嘴坪、永靖大河庄等遗址均有发现，说明在夏代社会中黄河上游一带的氏族部落建筑技术和生活方式，与中原地区大体上是一致的，只是由于经济生产的发展中农业略显滞后，社会组织形态还不及黄河中下游和长江中下游地区那样进步，地面的排房式建筑还没有出现。从齐家文化的墓葬形制和葬俗来看，这一带正经历着向私有制迅速转化的过程。

四、长江中游石家河文化的建筑

长江中游继大溪文化、屈家岭文化之后，在新石器时代末期至夏代出现了一支地域分布辽阔、势力相当强盛的氏族部落联盟，考古学上称之为石家河文化。

石家河文化的势力范围，北至河南南阳盆地中南部的唐河、白河流域，东北越过武胜关，东部直至鄂、皖交界一带，南到沅水和湘江中游，西到三峡出口。虽然在其发展过程中，因为与周围各种文化的交融搏击而地域有所变革，但大体上与《禹贡》九州中的荆州地域十分奇妙地吻合，因此石家河文化也可认作是夏代九州之一的地方特点十分突出的民族文化。

石家河文化因为包括了自然环境有一定差别的几种不同类型，在尧舜时期虽然统称有苗氏，也同时被称为“三苗”，总的文化面貌与石家河文化趋同，反映了自龙山文化开始的中国远古氏族文化的融合趋势。

---

① 《天水市师赵村齐家文化聚落遗址》，载《考古学年鉴》1985 年第 242—243 页。

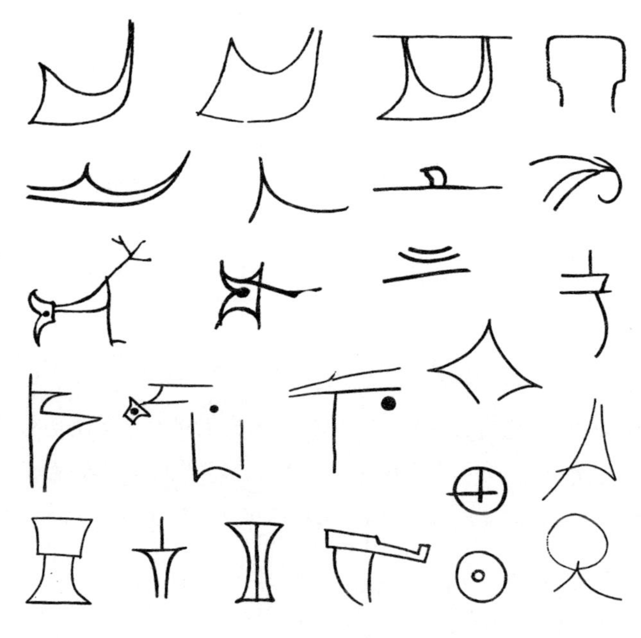

石家河文化刻画符号

石家河文化是新石器时代到青铜时代的古老文化，石家河文化已经发现有青铜铜块、玉器、祭祀遗迹、类似于文字的刻画符号和城址，表明它已经进入文明时代。陶器大部分为黑色，不过也有不少红色的陶杯和陶塑，是该文化的一大特色。

比如分布在汉水上游及其支流丹江、唐河、白河、堵河、南河流域的青龙泉——下王岗类型，其前身就是中原地区仰韶文化移民所创造的地方性文化，后来与河南龙山文化也有极为密切的联系，同时也受到陕西龙山文化的一定影响。

在荆楚地区的石家河文化中，建筑艺术比较丰富而先进。一些在屈家岭文化时期就已经出现的城堡，发展到石家河文化阶段更有了明显的进步。天门石家河镇管辖的范围内密集了 50 多处石家河文化的遗址，其中谭家岭和肖家屋脊遗址面积达 20 万平方米，土城遗址还发现了城址。洞庭湖畔的澧县大坪乡范围内也有数十处石家河文化遗址。澧县东溪乡的城头山古城址，始建于屈家岭文化中期，到了石家河文化时期最为兴盛，城墙外出现了兼起防御、供排水和航运作用的护城河，宽度达几十米。在湖北石首走马岭也发现了在石家河文化时期继续使用的城址[①]。荆门市马家垸发现的城址，四周环绕护城河，其中西边的护城河由一条顺着西垣向南流的古河道代替，此河又深又陡，和流经城内的古河道相通，通过城垣处有一座水门，这是古代城市建筑艺术上的一个创举，对南方城市的水上交通十分有利[②]。江汉平原许多兴建较早，而在夏代的石家河文化时期十分繁荣的古城，表明这一时期社会的深刻变化。

考古发掘和调查表明，石家河文化的城堡中往往分布着不同形式的建筑群。最早建成的澧县城头山古城，在石家河文化时期出现了城内的高台建筑，在城内西南区近中心部位，有一片夯土台基，地势较高，土质坚硬，台基本身呈凹字形，坐西朝东，东西宽约 30 米，南北长约 60 米，表面平坦，显然是一片宏伟壮观的高大建筑遗迹[③]；石家河城址内已发现大面积的房屋建筑基址，有的房屋墙体厚度达 1 米，城内还发现了专业化的陶器生产地点，说明这座城市已不单纯是军事防御的性质，而成为一个经济、政治中心。夏代的荆州，与中央王朝保持着密切的关系。

五、东北地区建筑艺术的发展

夏王朝统治中原地区时，中国北方和南方的许多氏族部落在各自的地域内不断发展生产，使当地的农业、手工业和采集渔猎经济都有不同程度的进步，为中华民族的古代经济繁荣作出了很大贡献。当时的中国东北地区，生活着不同文化背景的一些氏族部落，以西辽河流域和西拉木伦河以南至河北燕山一带的夏家店下层文化为代表的部落集团，农业经济比较发达，建筑艺术也达到了相当高的水平；与此同时，松花江和嫩江流域也分布着许多以渔猎经济为主的氏族部落，社会发展相对落后于中原地区，也落后于西辽河一带的部族。

夏家店下层文化是 1960 年在内蒙古赤峰市夏家店村遗址发掘后确认的。这一古老部族文化在辽宁西部至河北北部有广泛的分布，碳

---

① 《石家河文化浅析》，载《纪念城子崖遗址发掘 60 周年国际艺术讨论会文集》。
② 《屈家岭文化古城的发现和初步研究》，载《考古》1994 年第 7 期。
③ 《澧县城头山屈家岭文化城址调查与试掘》，《文物》1993 年第 12 期。

夏家店下层文化六角形石器

夏家店下层文化是西辽河地区早期青铜文化的代表，此文化中出土的石环、五角形石器、六角形石器以及齿轮状石器都标志着石器的制作工艺又跨上一个新的台阶。目前学术界对这几种石器的使用方法仍然在讨论当中，专家推测可能是祭祀用品、权杖头、武器等。

十四测定的很多数据都清楚表明，夏家店下层文化的部族生活在公元前2300年至前1600年，正是中原的夏王朝统治时期，其晚期与商代早期有一定交往。

大量考古资料表明，这个部族的经济形态是以农业生产为主的，过着定居的生活。在辽西地区的老哈河、孟克河、教来河、大小凌河和柳河上游地区，当时的居民点分布相当稠密，如赤峰以西的西路嘎河两岸，聚落的分布几乎超过现代居民点的密度。这些聚落遗址存在的时间早晚有一定差异，文化堆积程度不同，说明夏家店下层文化的一些氏族原始农业尚不十分发达，狩猎活动还占有相当大的比例，迁徙仍是比较频繁的。

流经河北、内蒙古和辽宁西部的阴河、英金河两岸的河谷台地上，考古工作者调查发现了几十座夏家店下层文化先民修筑的石城堡①。这

① 《赤峰英金河、阴河流域的石城遗址》，载《中国考古学研究》，文物出版社，1986年出版。

些城堡的围墙都是用大石块垒砌的，往往面临深沟险壑或修筑在陡峭的山坡上。城堡内的地势则较平缓，里面常有几十座用石块砌筑的房屋。阴河北岸的迟家营子石城址，面积近10万平方米，城内三分之二的房屋已被毁坏，但仍清理出尚存的216座房屋基址，如果将被毁坏的计算在内，房址当在600座以上。这些石城利用地形的险峻为依托，并筑有高大坚固的城墙，其目的显然是为了防御外来的攻击。这类城防是社会财富的分配，与战争有必然联系的产物。

因为地形险要，城址的平面形状一般皆不规整，因山坡的地形变化而不同。石砌城墙因山势建造，有略呈方形的、圆形的，也有略似三角形的。有的城址是由两座相连的城组成，个别的也有三座相连的城组成，反映了氏族部落之间的关系。城墙的结构发现有两种，一种是全用石块垒砌的，这类石城从城内看城墙比较低矮，而从城外看则城墙较高，这是由于利用了地形的自然高差的缘故。这类石墙一般较窄，如阴河南岸的西山根石城址，城墙露出地面高0.2～1.1米，宽0.5～1.5米，经过发掘的一般石墙顶宽0.8米，墙基宽1.4～1.6米，从城外量则城墙高2.5米。墙建于生土之上，生土表面经夯打，但未见有基槽；另一种城墙是中间以土填筑，内外两侧垒砌石块的。新店石城中间的夯土宽1.7～2.5米，内外两侧各垒砌0.6～1.2米宽的石块。另外，在许多石城墙的外侧，发现有突出的半圆形的用石块垒砌的建筑，半径3米左右，保存的高度一般都与城墙相同，酷似后世城墙的马面（即墩台），它除了可以加固城墙外，更重要的是凸出于城墙之外，可使攻城者三面受敌，是增强防御的一种设施。这类设施在汉代仍为沿长城一线的边塞城障所使用。

夏家店下层文化的石城，在城门两侧常设置圆形的石砌门卫房屋，城门内外还有石砌台阶走道或石铺走道。城堡内的居民房屋建筑，大都是石砌的高出地面的圆形房子。这些房子排列有序，一般是在坡面的同一高度成排建筑，自下而上可见到一层层的排列。为了便于建筑，坡面似经修整，或是以石块垫平。房址直径一般为2.5～4米，石墙宽0.4～0.7米。最大的石房址直径超过10米，都是选择在城中地势开阔平缓、位置较高的地方，反映了居住者在城中的显要地位。

夏家店下层文化时期的居民建筑，在石城堡内的建筑与一般村落建筑区别较大。石城内的房址，多为半地穴式，平面略呈圆形。其建筑方法是先挖一个圆形地穴，在地穴四周垒砌石块墙壁，口大于底，石墙砌至高出地穴口沿即地面以上，搭盖屋顶。室内中央有一粗大的木柱支撑屋顶，呈圆锥形。室内中部柱旁有一灶坑。居住面涂抹有草拌泥，经火烧烤，由石砌台阶式门道通向室外。这类半地穴式石砌房屋，不仅在阴河、英金河流域的许多石城堡中存在，而且在赤峰蜘蛛山、药王庙，北票丰下等村落遗址也都有发现。石城内的另一种居民房屋，是平地起建的石砌房子。赤峰的西山根遗址，山岗上有两个互相联结的石块垒砌的城堡，每个城堡内有 30 多座大小不同的房址。房屋的墙壁是用自然石块垒砌的，保存尚好，墙壁高出居住面 1 米以上。房子平面大都近似圆形，房门多数向着东南方，灶坑设在靠门口的地方。特别值得注意的是，在接近后墙壁的地面经常有被火烘烤成红色的痕迹，这是炙地取暖的结果，反映出生活在东北地区许多部族适应寒冷气候的一种生活方式。

有些聚落营建在黄土丘陵上，村寨的围墙是夯土筑成的，可见这一部族选取建筑材料是因地制宜，利用当地最方便的自然条件，并不局限于石砌围墙。相对说来，石城可能具有更高一级的建筑形式和政治、军事意义。辽宁建平县喀喇沁河东遗址，是努鲁儿虎山脉东麓丘陵地区的一个村落遗址，1980 年考古工作者有计划地进行了发掘，清理出这个遗址中的 8 座半地穴式房址，其中有的房址建筑形式与中原地区龙山文化的半地穴式房屋基本相同，为常见的白灰面式建筑；有的房屋则是在地穴四周以内外两层土坯砌成墙壁，土坯长 45 厘米，宽 33 厘米，厚 15 厘米，用二分之一错缝平砌法筑成，土坯之间以细砂加白灰勾缝加固。然后在内壁土坯上抹 2 厘米厚的草拌泥，再抹一层白灰面，白灰面从门道一直抹至门外转角处。在这个遗址的房屋建筑中，屋内壁每重修一次即重抹一次墙壁，有时只是局部重新修缮，白灰面也只是局部修补。居址中也发现了一座没有涂抹白灰面的房子，在半地穴式内壁上和居住面上都是用多层草拌泥、细黄沙土抹匀加工修饰的。另外，在两座房址的外面还清理出石院墙的遗迹，说明当时已开始出现一家一户的院

嵌贝彩绘陶鬲

青铜鼎

落[1]。敖汉旗的大甸子遗址，是一座城内面积达 6 万平方米的规模较大的夯土墙城址，墙外有护城壕沟，城门两侧用石砌垒砌，并设置铺石通道。在北票丰下遗址中，还发现了一座较大的方形双间式房址，室内加工相当讲究。从社会发展的进程看，夏代的西辽河流域诸部族正经历着氏族公社解体到奴隶制形成的过程。夏家店下层文化普遍存在的城堡，为夏代的建筑艺术增添了丰富的内容和绚丽的色彩。

六、长江下游诸部族的建筑艺术

长江下游三角区新石器时代晚期的良渚文化，虽然远离中原，但当黄河流域进入夏王朝统治的时期，仍然受到中原文化的影响，政治、经济、军事各个领域都发生了巨大的变革。在良渚文化自身不断发展的基础上，一些相对独立的“王国”可能已经存在。1992 年发掘的浙江余杭莫角山大型建筑遗址，显然与国家政权的礼制和宗教传统有关。传说中夏禹在会稽召集天下各部族首领聚会，当时赴会者有“万国”，是有一定根据的。良渚文化晚期已进入夏代文化纪年，其建筑艺术表现出宏

① 《辽宁建平县喀喇沁河东遗址试掘简报》，《考古》1983 年第 11 期。

伟的气势和强烈的宗教色彩。

莫角山遗址位于杭州市西北约25千米，以大莫角山、小莫角山、乌龟山及周围一带高地为主体，东西长约670米，南北宽约450米，总面积达30余万平方米。这是一座人工营建的巨型遗址，在原始氏族社会的条件下兴建如此浩大的工程是很难想象的。在它的周围除了有反山、瑶山、汇观山这样的良渚文化大型墓葬和祭坛外，还分布着许多出土过重要文物的地点及居住址、小型墓地等。从整个分布格局来看，莫角山遗址处于这一带良渚文化遗址群的中心地位，是当时政治、经济、文化的中心。

这个人工夯筑的巨大基址是经过周密计划、严格组织施工的。夯层由沙土层与泥土层间隔构成。基址夯筑总厚度约50厘米，层数在9～13层之间，各层厚度不完全相同，但其变化有一定规律性，即自下而上沙层逐渐加厚，从2厘米增至每层8厘米；而泥层则向上渐薄，从20厘米减至5厘米。每层的层面都很坚固，沙土层中的泥土成分很少，沙粒较粗，沙面上没有夯筑现象。泥层为灰黄色，细腻纯净，不掺杂任何遗物。夯窝均发现在泥层面上，密集而清晰，系用圆头夯具而筑成，直径为6～10厘米，深3～6厘米。夯窝壁面较光洁，基本上能与沙土层及沉淀层剥离，看起来是直接在较潮湿的泥土层上夯打的。

在建筑基址之上，发现了一些圆形的大型柱洞，从南到北分三排作东西向排列，各排间距在1.5米左右，内存木质立柱残迹。木柱的直径一般在0.5米左右，最粗的可达0.9米。如此巨大的立柱，展现出台基上建筑物的宏伟。这座台基平面略呈方形，在基址上除了发现许多大型柱洞外，还有长方形石块建筑和大面积的红烧土。如此巨大的规模，只有能组织大批劳动力的掌握很大权力的贵族和神权领袖才能得以实施。考古学家一致认为这个遗址是良渚文化晚期某一方国的所在地①。

1987年发掘的余杭区瑶山遗址，有一座和大型墓葬复合的祭坛。这座祭坛平面呈方形，里外三重。内重偏东，是一座略呈方形的红土台，面积近50平方米，四周环绕着围沟，沟宽1.7～2.1米；围沟外的

① 《余杭莫角山清理大型建筑基址》，载《中国文物报》1993年10月10日；并见《中国考古学年鉴》(1992年)、《南方文物》1995年第2期等相关介绍。

河姆渡遗址

河姆渡遗址上下叠压着四个文化层。河姆渡遗址出土陶片达几十万片，还有陶器、骨器、石器以及植物遗存、动物遗骸、木构建筑遗迹等大量珍贵文物。

西、北、南三面亦有夯土筑成并用砾石铺面的土台子，整个祭坛面积为 400 平方米。汇观山良渚文化的祭坛与瑶山的十分相似，总面积约 1 575 平方米。这个祭坛利用自然山势修凿，为东西长、南北窄的长方形。在中部偏西部位，以挖沟填筑的灰色土框将祭坛平面土色分割成内外三重。灰色土框宽约 2 米，其围成的方框内边长 8 ～ 10 米，框内外为红色风化土。祭坛的东西两边多凿有南北向的 30 多厘米宽深的排水沟槽。低于祭坛顶的 2 米处，是经过修凿的四周向外延伸的平面，从而构成了两级祭坛形式。

据调查，在莫角山遗址这座人工营建的巨型台基建筑附近，除了反山、瑶山、汇观山等大型墓地和祭坛之外，还分布着众多的遗址群和小墓地，其中一些遗址尚有当时的居民建筑遗存。在余杭区的良渚文化遗址分布最密集的地区是良渚、长命、安溪、瓶窑四个乡镇，大多是以莫角山为中心向四周辐射状分布，这种现象引起了考古学家的高度重视。20世纪90年代的调查表明，在荀山、庙前、茅庵、横圩里、桥北、念庙圩、石塘桥、苏介村、前山、雉山村、黄泥口、沈介村、双池头、卞家舍、钟家村、吴介埠等遗址中，普遍发现了良渚文化晚期的居民生活遗迹，包括建筑遗存。茅庵遗址的居室是用打入淤泥中的木桩为骨架，夹以芦苇编制的篱笆，中间再以泥土填实砌筑的墙壁。有的遗址还出土了木构件、井字形框架窖藏、建筑用石质工具斧、锛、凿等。发掘和调查表明，由于地势低洼，地下水位较高，或河道湖沼纵横密布，这一带的民居在河姆渡文化、马家浜文化的干栏式建筑基础上，更多地发展了平地堆砌高台，在夯土台基上建筑房屋的方式。一些墓葬也分布在人工堆砌的土台之上[①]。夏代时期长江下游良渚文化晚期的这种建筑特点，反映了当地人们因地制宜创造物质文化生活的聪明才智。

夏王朝的建立在中国历史上是一件大事，标志着奴隶制的开始。但是，奴隶制的出现显然不是某一天突发的事情，早在夏禹和他的儿子启以“家天下”称雄中原大地前，在长江流域和东北地区，就已出现了无数城邦国家，普遍产生了奴隶制的文明。岳石文化、齐家文化、石家河文化、夏家店下层文化和良渚文化晚期的城址、祭坛、房址等建筑都证明了这一点。与此同时，在更为偏僻的一些地区，还生活着许多仍处于氏族社会的部族，与中原夏王朝没有什么交往。

公元前19世纪，云南澜沧江流域生活着一些原始部落。1990年春，考古工作者发掘了昌宁县城东达丙镇附近的营盘山遗址，在这个面积不大的村寨中试掘出氏族先民居住的房址。当时的房屋为长方形半地穴式建筑，长6.3米，宽3.4米，穴深0.45米。室内四周发现6个柱洞和栽埋木棍的梯台、沟槽及炭化圆木棍残段和竹片残段。门开于西侧略偏北，室内进门处有长1.8米、宽0.8米的白灰硬土面为走道，其他地面则用红烧土铺垫拍打而成，厚约10厘米。地面上堆积着大量房屋倒塌后的炭化木柱、木椽、竹片、藤条、草木灰、烧土块等。有的木柱砍凿成“L”形或“凹”形榫口。残存的木建筑构件表明，这里的房屋是

① 《余杭大观山果园及反山周围良渚文化遗址调查》，《南方文物》1995年第2期。

洱 海

白羊村遗存有房址、墓葬、家畜的遗骨、褐陶、数量众多且具特色的石刀等。文化层分早、晚两期，是滇西洱海地区内涵比较丰富、文化特征鲜明的一处典型遗址，也是云贵高原地区目前所知年代较早的以稻作农业为主的文化遗存。

具有榫卯结构的梁柱架、木椽竹榄人字坡草顶的半穴居式房屋。四壁的下段即为浅穴壁，上段系沿着穴壁向上筑起的木骨竹编泥墙，结构很有特点。室内中部偏北清理出用砾石围成的两个火塘，直径40厘米左右，周围放置着一些石器和陶器。营盘山遗址发掘的这种房屋建筑，在中国新石器时代尚不多见，是西南地区少数民族的一种创造①。

与营盘山遗址相距不远的宾川县白羊村遗址，位于宾川盆地的宾居河东岸，是洱海之东、金沙江之南的一处重要遗址。在这个原始氏族村落中清理出比较完整的房屋遗迹11座，均为地面木构建筑，平面呈长方形，一般长约5米，宽约3米，方向不一。墙基四周多挖沟槽，宽

① 《昌宁县营盘山新石器时代遗址》,《中国考古学年鉴》1991年，第281页。

30 厘米左右，深 30 ～ 40 厘米，沟壁整齐坚实，沟槽底掘柱洞，在洞内立木柱，再于沟内填土。柱洞较少，且多在屋角。柱间编缀荆条，两面涂草拌泥而成木骨泥墙。草拌泥较粗糙，墙壁经烘烤成红褐色，质地坚实，表面平整，厚约 5 厘米。居住面多铺垫平整，踩踏硬实。室内有圆形火塘。稍晚时期的房子，房基四周不开沟槽，直接在地面上挖柱洞，或者在地面上铺垫扁圆形石础，再立木柱，其余则完全与早期建筑技术相同①。从出土遗物和墓葬形制等情况看，云南各地的社会经济显然落后于中原。

第二节
商代的建筑艺术

>>>

夏朝末年，居住在黄河下游的一个夷人方国逐渐强盛起来，迅速向黄河中游及环渤海湾地区扩张势力，这就是后来统治了黄河流域和长江两岸的商族。商，本来是一个古老的东方部落，远祖叫契，据传说是帝喾的后裔。契在夏禹治水时协助禹立了大功，始封于商。后来契的孙子相土又为夏王朝开疆拓土建功立业，同时发展了商族的经济与文化，做出了巨大贡献，人们歌颂他统治时期声名远播："相土烈烈，海外有截。"②经过几代人的努力，商从夏朝的属国变为夏朝的强大对手，终于在公元前 17 世纪时击败了暴君夏桀，推翻了夏王朝，由汤建立起地域更为辽阔的商朝。

从公元前 17 世纪到公元前 11 世纪的商王朝统治时期，是中国奴隶

① 《云南宾川白羊村遗址》，《考古学报》1981 年第 3 期。
② 《诗经·商颂·长发》。

社会的鼎盛时期，商代的农业和手工业生产，开创了中国社会经济全面发展的新局面。新兴的奴隶主阶级经过数百年的统治已变得越来越成熟，使国家的统治制度日趋完备，在组织大规模生产和残酷压榨奴隶的基础上，社会财富迅速增加，具有相当发达的文明，甲骨文、青铜器和城市建筑艺术，构成了商代文明最突出的特征。

商代甲骨文中所见的建筑

商代的建筑艺术，主要表现在城市建筑的突出成就上，其次还包括前所未有的大型墓葬的营建、宗教建筑、民居建筑、水利建筑等许多方面，以及相关的交通设施、手工业作坊、窑场等各个与城市建设和发展密不可分的方面。商代建筑为西周的建筑奠定了基础，也基本上确定了中华民族传统建筑艺术风格的方向。

总的来看，商代的建筑有两大类，一类是为奴隶主贵族服务的城防、宫殿、宗庙、陵寝和附属建筑物等；另一类是广大平民和奴隶赖以栖身的简陋房屋和地穴窝棚。代表商代建筑艺术最高成就的是前者，因为城市发展是文明时代的重要标志，一切文明成就都集中表现在具有政治、经济、军事、文化艺术中心地位的城市中，所以城市建筑艺术也是商代建筑艺术的代表。

一、商代的城市建筑

城市是随着社会经济的繁荣而产生并发展的，城市发展的两个重要标志是商品交换的发展和交通运输的发展。因此，在原始氏族社会末期出现的城市，主要功能是军事防御的需要，而不是经济发展，严

郑州商城遗址

郑州商城遗址是商代早中期的都城遗址，郑州商城是迄今我国最早且规模最大的都城，也是我国历史上第一个建有城垣的王都。

格地说还不能一律称之为城市，大多数是城堡。在商朝时期，中国的早期城市广泛分布在黄河中下游流域和长江两岸，成为各地政治、经济发展的中心。据记载，黄河流域的著名城市有商、殷、亳、蕃、雇、霍、孟等。这些城市既是商王或各属国贵族、官吏及军队居住的地方，又是许多行业的手工业作坊的所在地和进行物资交换的场所。虽然从新石器时代晚期的龙山文化已经出现了一些原始的城堡，但是直到商代盘庚时期为止，人们还总是“不常厥邑”，过几十年、上百年就有城市发展上的变迁和政治动乱造成的变革甚至废弃，当时的经济水平也决定了商代的城市规模不可能很大。盘庚迁都至殷（今河南安阳小屯一带）以后，就不再经常迁邑。中国的城市在商王武丁之后才得到了稳定繁荣的发展。商代城市的发展，是商代社会经济发展的一个缩影。

1983年，在河南偃师城西的尸乡沟一带，发现了一座商代早期的城市遗址，是20世纪中国大陆的重大考古发现之一。这座古城北倚邙山，南临洛河，地处河洛之间的冲积平原上。城址平面略呈长方形，南北长约1 700米，东西宽1 200余米，总面积近200万平方米。发掘表明，这座城市具有都城的规模和相应的建筑群。高大的城墙用红褐色土夯筑而成，质地坚硬且纯净，墙体厚达17～20米，基槽深近1米。城墙的基槽从生土层即开始起夯，夯层厚约10厘米，夯打平整，夯窝密集，筑得非常坚固，与现代中原地区的流行建筑方法大致相同。城里的宫城与拱卫城组合配置，南部中央为一组宫殿建筑群，有正殿、附殿、庭院、廊庑、祭祀坑等遗迹，都建筑在夯土台基之上。周围有长达800米的夯土围墙环绕，形成宫城，宫城的墙厚2米。宫城内中间是一座长宽数十米的大型宫殿基址，左右各有两处与之面积相仿的独立宫殿，组成一个规模壮观的建筑群。经发掘东侧的一处建筑基址看到，这是一处由正殿、东庑、西庑、南庑及庭院组成的封闭式宫殿建筑，正殿建于庭院北部夯土高台基上，坐北朝南，东西长36.5米，南北宽11.8米，南部边缘有4个长方形台阶。殿址东北有一口水井，院内还有石砌排水沟，整个院落十分宽敞宏大。

宫城的东北和西南各发现一座拱卫城，城内的建筑物分布与宫城内有明显区别，布满了排房式建筑，可能是仓廪和守城士兵的营房。城墙上设置的城门很狭窄，宽厚的墙体和狭窄的门洞，显然是为了军事防御的需要，更出于军事上的考虑。城南有分别用夯土墙设围的三座小城堡，两侧城门旁边修筑着一条3米多宽的路，这条路一端与城墙垂直相交接，另一端与城内的大道相通。这条路的铺设是为了使兵士能迅速地登上城墙，守卫城市。

在城外，挖有又宽又深的护城壕。宫城和城内许多地方都发现了工程浩大的排水系统，包括石、木结构的水道和完全用石块垒砌的水道，都呈暗沟形式。

1991—1994年，考古工作者发掘了偃师商城西南隅的拱卫城，揭示了一组大型建筑群，从中可以看到商代建筑艺术的高度发展。在这座称为“第Ⅱ号建筑群”的建筑遗迹中，由于经历的时间很长而上下叠压

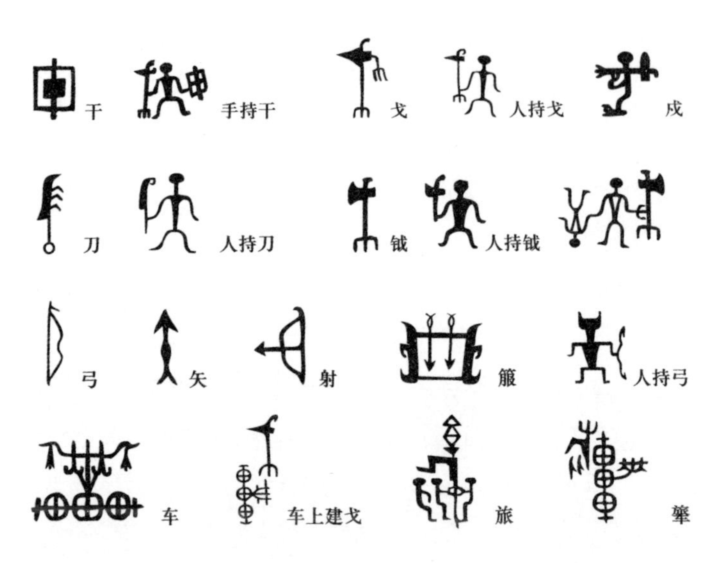

商代图形文字示意

▲ 商代的文字资料，主要有陶文、玉石文、甲骨文和金文，而以晚商的甲骨文为最多。各种资料上留下来的文字都与甲骨文属于同一系统，因而商代的文字可以甲骨文为代表。

为三层堆积，中层建筑利用了下层建筑的夯土基址作为基础，上层建筑又利用了中层建筑的夯土基址作为基础，其建筑方法和艺术风格是完全一致、一脉相承的，只是不同层位的房屋结构和有些工艺有所区别。三层建筑共发掘出 15 座规模很大的夯土基址，依东西排列方向分为南北两排。南排有基地 6 座，北排有 10 座，只发掘了 9 座，各排及每座建筑物的间距相近，都是 5 米左右。在排与排及每座建筑之间，中部都有排水沟相互贯通，构成了网状排水系统，整个建筑群显示出严谨的设计思想和施工技巧。

无论是下层的早期建筑，还是稍晚的中上层建筑，其建筑风格皆为地面起台式，夯筑台基，木骨墙体。单体结构为长方形，四面为木骨土墙，墙外有护墙柱保护墙体并以承重。墙外有廊，廊檐下有承檐柱；台基四周用明道浅沟排水；室内有固定的设施。其中各层建筑台基的位置，排水沟的位置，以及室内固定设施的位置在各层几乎没有发生变化，说明每一层建筑的时间是前后衔接的。这种时间上的衔接，并非是房屋损坏后的个别修缮，而是在整个遗址原有的基础上，按照原有的规模、布局和结构重新翻修。

这组建筑群作为一个整体，其外有宽近 3 米的围墙环绕，与外界隔开，封闭性极强。整个建筑群在围墙之内，干干净净，异常整洁，既无乱杂物品散落或堆积，也无用火痕迹，意味着这里绝非当时人们频繁活动的场所，也说明非普通人能随便出入和使用这些建筑物。考古学家认为这里应该是商王朝的宫廷仓储之所①。

山西省垣曲县古城南关，1985 年考古学家们发掘出另一座商代早期城市遗址。垣曲商代古城在今古城镇南关的高台地上，北、东、南三面分别有亳清河、沇河、黄河环绕，城墙平面略呈平行四边形，周长 1 470 米，总面积约为 12.5 万平方米。城垣内东南一带分布着密集的灰坑遗迹，是当时人们主要的居住和活动地点。因为这座城市三面环河，在城址的西墙外大约 8 米处有一条与城墙平行的壕沟，宽 6 ～ 10 米，深 4 米，是护城的重要设施。城址中部有一组规模较大的建筑群，由 6 座高大的台基组成，其中最大的一座建筑物长约 50 米，宽 20 米，这种规模在商代的早期建筑中令人瞩目。城内铺设排水沟，清理出的南墙内侧排水沟形制规整，斜壁平底，与南城墙平行。

垣曲商城的城墙分内外两层，平行走向，相距 7 米。内城墙为主墙，基槽呈斗形，上口宽近 8 米，深约 6 米；外城墙基槽宽仅 4 米，深 6.5 米。城墙的夯土均为棕红色，夯层厚度为 0.1 ～ 0.3 米，结构十分坚固。城内东南角的居民区，除较多灰坑外，还有一些房址和墓葬、壕沟、陶窑，从中出土了比较丰富的商代前期城市居民和手工业者使用的生产工具和陶器。烧制这些陶器的窑址经清理，是圆形竖穴窑，火膛由隔墙分成两个空间，窑箅上有 33 个箅孔。

1989 年对垣曲商城的进一步发掘表明，这座商代的早期城市是在夏代一个规模很大的聚落基础上发展起来的。在商城的基础之下，发现了堆积很厚的夏代晚期遗存。另外，考古工作者还发掘了城内宫殿区中

---

① 《偃师商城第Ⅱ号建筑群遗址发掘简报》，载《考古》1995 年第 11 期。

商代亚长青铜牛樽

这件殷商时期的青铜牛樽出土于衡阳市包家台子。是殷墟目前发现的唯一一件牛形青铜器。采用未被驯化的动物形状制作容器是身份和地位的象征。

的一个夯土台基，证实这是一座平面为曲尺形的大型建筑，夯土坚硬。在城址内也发现了当时平民和奴隶的居室，为半地穴式圆角方形茅棚，长宽均为 4 米，地面用胶泥抹平，有中心柱，四周亦有柱洞数个，屋顶可能为四角攒尖式。室内西北角有圆形灶坑，西南角为斜坡门道，保留一级台阶，室内多处被烧成青灰色。这种简陋的民居与氏族社会盛行的半地穴式房屋完全相同，和城内宫殿区的高大建筑形成强烈的对比①。

从偃师、垣曲这两座商代早期城市可以看出，当时的城市建筑规模、防卫设施、宫城的出现和排水工程等都比龙山文化时期和夏代的城堡更加进步。城市经济从商代已开始逐渐形成了，建筑艺术也发展到了一个新阶段。

商代中期，手工业和商业的发展进一步促进了城市建筑的兴盛，不仅新的城市逐渐增加，而且早期的城市的规模也在不断扩大。在河南省郑州市区偏东部的郑县旧城及北关一带商代遗址中，发掘出一座商代中期的都城，根据城墙夯土层中夹杂的木炭所做的测定，这座城市最

① 《中国考古学年鉴》1986、1987、1989、1990 年各期，文物出版社出版。

商代石人服饰示意

商代的衣服主要采用的是上衣下裳制，而且一般以小袖居多，大多衣服的长度在膝盖上下，不分尊卑，全部都制成上下两截：穿在上身的一截称作衣；穿在下身的一截，称作裳。商朝时期民间女子所穿服装与男子大体上是相同的。

早建于公元前1620年前后，使用至前1420年左右，经历了200多年的沿革兴衰。

郑州商城平面基本为长方形，城垣周长计6 960米，其中南墙与东墙各长1 700米，西墙长约1 870米，北墙长约1 690米，墙基最宽处达32米，发掘时地面上残高5米左右，可见当时这座城市建筑的雄伟。城周围墙体共有11个缺口，有的可能就是当时的城门。

城墙的建筑采用分段版筑法逐渐夯打而成，每段长3.8米左右，这种版筑技术至今仍在中原地区使用。墙体的夯层较薄，夯窝排列十分密集，构筑相当坚固。在城墙的内侧和外侧，往往发现有夯土结构的护墙坡。城内分布着大面积的商代文化堆积，包括房址、水井等遗迹。城内东北部近40万平方米的较高地带，发现有大、中型红土与黄土夯筑的台基遗存，可能是当时王室居住的宫殿区。台基表面有排列整齐的柱洞，柱洞底部一般都有柱础石。有的台基表面还有坚硬的白灰面或黄泥地坪。在这些基址的附近，发掘出一些青铜和玉制装饰品。

1992年，考古工作者发现并清理出郑州商城的外廓城墙西南角，墙的基槽保存比较完好，宽14～15米，深约1米。基槽内填土和城墙填土一致，多为黄色细腻的砂土掺褐色黏土和料礓石末，逐层夯打而成，土质坚硬，结构紧密，夯土每层厚8～15厘米，里面极少见包含物。宫殿区中已发现夯土基址20余处，但较少保存完整的。其中第15号夯土基址较好，上面遗留有27个长方形大柱础槽，大致可以复原为一座九室重檐顶并带回廊的大型宫殿。第16号基址面积最大，东西长约31米，南北宽约38米，在保存尚好的西部和南部发现50个大柱础槽，可见当年此宫殿之雄伟。近年来在新发现的一座夯土基址中，出土了大型青铜建筑构件，构件正面为方形，平面呈凹形，上面有阴刻线纹的兽面和龙虎争斗图案，这是我国迄今所见最早的青铜建筑构件。宫殿上使用青铜构件，既有加固木构件关键部位的作用，又起着装饰作用，是古代劳动人民的一种发明①。

在郑州市东里路附近，考古工作者发掘出商代早期的几座贵族宅第基址。其中一座平面为长方形，东西残长26米，南北宽13米，宅基上南部和西部都有排列整齐的柱础，柱础石为稍加修整的天然石块。台基夯土层理明晰，质地坚硬。相邻的另一座宅基与其近乎垂直，也有排列整齐的柱础石，看来是一组建筑。这些贵族居址的发现表明郑州商城的城市建设可能在商代早期就开始了。

同年，考古工作者在郑州商城的宫殿区附近，发掘清理出一处大规模的人工砌筑蓄水池，是城市建设中前所未有的工程。这个大型蓄水池长约100米，宽约20米，断面呈倒梯形。从建筑结构看，该水池是在地面下挖2米左右而建成的，池底部和护坡先用白色料礓石粉末夯实，然后再在底部铺一层石板，这些石板是人为加工的，平面为长方形，长度在0.5～0.8米之间，宽度在0.3～0.5米之间，厚0.1米左右，上下两面经粗略加工。蓄水池底部铺设石板后，在护坡的夯土内侧砌出护坡石，形成蔚为壮观的蓄水池。从整个遗迹分析，在当时生产力仍比较落后的情况下，人为砌成的这样大规模的蓄水池，对于城市的供水，特别是宫殿区的供水起着十分重大的作用。这一青石板砌筑的蓄水池，对研究古代城市供水、排水以及商代的水利设施都有十分重要的意义②。

---

①《郑州商代城内宫殿遗址区第一次发掘报告》，《文物》1983年第4期。

②《考古学年鉴》1993年，第176页。

郑州商城的城址之外，有同时期的居民区和铸铜、制陶与制骨等手工业作坊遗址，也发现了一些中、小型墓地。考古学家根据发掘资料和文献记载，多数认为这座商代中期的城市就是“仲丁迁于隞”的隞都。

河南安阳殷墟，是商代后期的都城，也是名闻中外的中国早期城市，与灿烂的青铜文化紧密联系在一起。

殷墟是商代后期君主盘庚至纣王统治期间的王都所在地（前1395—前1123），是当时的政治、经济、军事、文化的中心。城市遗址在安阳市西北郊小屯村一带，东起后冈，西至北辛庄，南自铁路苗圃，北至西北冈，横跨洹河两岸，总面积在24平方千米以上。因为殷是商朝后期较长时期的都邑，所以商朝被后人称为殷朝，商人也被称为殷人。殷这座历史久远的古城经过数代统治者的经营，规模不断扩大。城内的地上建筑和版筑房屋栉比成巷，到了纣王时期，城市的规模最

殷墟遗址

殷墟遗址是中国商朝后期都城遗址，也是中国历史上第一个文献可考、并为考古学和甲骨文所证实的都城遗址。遗址主要包括殷墟王陵遗址与殷墟宫殿宗庙遗址、洹北商城遗址等，大致分为宫殿区、王陵区、一般墓葬区、手工业作坊区、平民居住区和奴隶居住区。

卜骨刻辞拓片

这片卜骨刻辞书风雄健，气韵宏大，笔画遒劲，是宾组二类甲骨的典范，也是商代晚期甲骨刻辞中不可多得的珍品。

大，显示了东方帝都的宏伟气派。史载其"南去朝歌（今河南汤阴）城百四十六里"，纣王常常住在朝歌的离宫，过着奢华腐朽的生活。

从1928年起，中国的考古学家开始发掘殷墟，半个多世纪里取得了极其巨大的成果。在这座都城中清理出商王居住过的许多宫殿遗址，包括王宫的防御设施，还有大型的商王陵墓及数以千计的奴隶杀殉坑，城中有很多中小奴隶主及平民的居住遗址、墓葬，有规模宏大的铸铜作坊和制骨作坊遗址，还发现了水井、道路、排水管道等遗迹。这座都城中出土的生产工具、兵器和手工艺品成千上万。大量甲骨文成为研究商代历史的宝贵资料。殷墟的青铜礼器更成为中国古代艺术品中的杰出代表作品。

殷墟的建筑艺术除了与其他商代城市相同的大型、成组的高台基建筑之外，还出现了铜柱础、三通式陶水管等新建筑材料和新技术。安阳小屯村附近是这座晚商都城的宫殿区，已发现50多座建筑基址，可分为三组。基址平面有矩形、长条形、近正方形、凸形、凹形等。有一座基址长约85米，宽14.5米；中等的长约50米，宽约10米。它们的布局有东西成排、行列对称的特点。立柱的下部，多为卵石柱础，还出现了铜础。殷墟至今尚未探查到城垣，但是宫殿区的东、北两边是洹水，西、南两侧是宽 7 ～ 21 米、深 5 ～ 10 米的大沟，可能是人工挖成的防御设施。夯土台基的附近，多次出土陶质的排水管，这种陶水管在偃师二里头、湖北黄陂盘龙城等商代遗址均有发现。安阳殷墟出土的三通式排水管，表明当时铺设地下的排水管道已形成分支系统。陶水管之间一般是平口对接，水管的排列高低有序，发现时水管中还淤有沉积的细泥。这种陶水管主要是配合夯土基址而设的地下排水设施，属于宫室建筑中

盘龙城商朝青铜器

盘龙城商代青铜器的发现，对于了解商代早期青铜文化的分布、方国青铜器的发展等具有重要意义。盘龙城商代青铜器的铸造工艺、合金成分及随葬习俗等均与黄河中游的二里岗上层文化相一致，证明商代早期青铜文化已分布到此地。但若干当地传统的文物遗存与上述青铜器并存，又说明它是商代早期某个方国的遗物。

的环境卫生工程，是商代建筑工程中的一个创举，对后世有较大的影响。

在黄河流域的城市相继出现的时候，中央王朝周围各方国的都城大邑也在不断发展，其中长江流域的城市规模越来越大，在政治生活和经济生产领域起着重要的作用。湖北黄陂区叶店的盘龙城，是商代前期偏晚的一座重要城市遗址。这座城市位于江北的滠水支流府河北岸高地上，城墙的夯筑技术近于郑州商城，是以每层厚 8 ～ 10 厘米的夯土筑成墙体，墙体内侧另有斜行夯土以支撑城墙主体。发掘发现，当地还没有出现用立柱加夹棍、以绳索固定模型板的夯筑技术。城墙外有宽约 14 米、深约 4 米的护城壕，壕沟底发现了架桥的柱穴，可知人们进出这座城市要通过架设在护城壕上的木桥。城内东北部高地上有宫殿基址，遗迹显示出当时宫殿的房顶苫以茅草，呈出檐形式。殿堂与檐柱之间形成一周宽敞的外廊。宫城内也发现了用陶管相接的排水设施。

盘龙城的规模比较小，南北长 290 米，东西宽 260 米，四周各有一门，是江汉平原上一个方国的都邑。城内发现的 3 座宫殿基址，与南城门都在一条中轴线上。这些宫殿基址，都是用夯土筑成的高出地面的台基，1 号基址东西长 39.8 米，南北宽 12.3 米。台基中央有东西并列的四室，四壁均为木骨泥墙。中间两间稍宽，南北各有一门，两侧的两间略小，只在南面开门。根据这些遗迹，可以复原成一座四周有回廊、中央为四室的四阿重屋的高台殿堂建筑。所谓四阿重屋，是四坡顶、两重檐，即在四坡屋盖的檐下，再设一周保护夯土台基的防雨坡檐。《考工记》中记载的殷人这种建筑的重叠巍峨的造型，能产生一种崇高庄重的效果，这与商代奴隶主贵族以宫殿显示其高贵至尊的意识是一致的①。盘龙城及其宫殿建筑的主要特征，与郑州商城相似，它应是商王朝在长江南岸的重要方国之一。

在商代中期，四川广汉一带是另一个方国蜀的政治经济中心。1988—1992 年，在广汉三星堆遗址清理出商代的蜀国城址，其雄伟高大的城墙十分壮观。城墙的东、南、西三面在修筑中都使用了土坯，这是中国以砖坯筑城的最早实例。土坯一般长 36 ～ 42 厘米，宽 32 ～ 34

① 参见《中国远古暨三代科技史》，人民出版社，1994 年版，第 105 页。

三星堆青铜人面具

三星堆遗址及文物的发现，有力地证明了三四千年前古蜀国的存在和中华文明起源的多元性。将成为世人学习、研究古蜀历史和古蜀文化的中心。

厘米，厚 20 厘米左右。城墙体厚 40 米左右，在地表以下深 2 ～ 3 米，地表以上尚存 3 ～ 5 米高，可见当年的宏伟英姿。城墙结构由主城墙、内侧墙和外侧墙三部分组成，主城墙为平行夯层；内侧和外侧墙均为斜行夯层，多数夯层厚 20 ～ 40 厘米，夯面平整光滑，有的夯面上清楚可见用成排的木棍平行夯打后留下的痕迹。在城墙的外侧，都挖有护城的壕沟。这座蜀国古城北面未设城墙，是以鸭子河为天然屏障的。城外的壕沟也分别与鸭子河、马牧河相通，利用城内外的水路往来交通①。在三星堆遗址出土了极为珍贵的大批蜀国遗物，显示出蜀地经济的发达和国力的强盛。在之后周武王伐商的战争中，蜀人曾出兵相助，起了很大作用。

二、商代的民居

商代的民居建筑，和夏代基本相同。中、小奴隶主和许多自由民，

① 《中国考古学年鉴》1990、1993 年，文物出版社出版。

殷墟匈奴墓考古现场

▲ 殷墟匈奴墓葬排列整齐，都是一些墓葬形制相同的小型砖室墓，与中原墓葬的形制内容有所不同。几乎在每一个墓葬内都会出土一件铜釜，而这种带有明显少数民族特点的铜釜，在中原地区很少出现。

在聚落中的住宅主要是地面建筑，一些自由民和奴隶仍居住在半地穴式简陋的泥屋草棚中。商代的民居在黄河流域和长江流域、东北、西南地区以及华南都有发现，其建筑形式比龙山文化至夏代的建筑有一定进步，但没有特别突出的变化。

在安阳殷墟，与高大雄伟的宫室殿堂相对照，居民建筑显得十分简朴。殷墟发掘的半地穴式房址，基本上是奴隶们的住室，多呈圆形和方形竖穴，室内有台阶可供出入。中小奴隶主和一些平民的建筑比较讲究，大多数是方形或长方形地面建筑，室内面积 8 ～ 10 平方米，居住面很平整，一般都经过多层垫土夯打，质地坚硬，有的还用火焙烧过，四面墙壁往往用白灰粉刷抹光滑。

河南柘城孟庄遗址，是一处商代的庄园，遗址中清理出的几种民居在黄河流域有一定的代表性。孟庄遗址位于商丘地区的柘城西部约 7 千米，在两条名叫蒋河和小洪河的河间谷地中，商代以后曾因洪水泛滥被淹没过。这一带曾是商族的发源地。1977 年，考古工作者在这里发掘出一座商代的庄园，村落中发现了一批房址、窖穴、冶铸作坊和分布密集的灰坑。

庄园主的住宅是一座三间一组的排房，建筑在一片夯土台基之上。经清理，台基东西尚存 14 米余长度，南北宽约 7 米。台顶面积较小，夯土台除西部边缘外，东、南、北三边均为斜坡式，当作散水使用。台基为黄褐色夯土筑成，非常坚硬。台基上的三间房紧密相连，房子之间无门沟通，正房居中，面积大，为东西长方形；两侧偏房近方形，面积较小，或称耳房。这组排房坐北朝南，其筑法是在夯土台上挖掘墙基槽，槽底平整，宽 0.4 ～ 0.5 米，深 0.1 ～ 0.2 米；然后在基槽中用黑色草泥土往上垛成墙壁。泥墙内、外壁均经认真修抹平整。最后再将墙内壁面抹一层厚 1 厘米的草泥土，表面用火烧烤呈红色或红褐色，再抹上一层黄色泥浆简单修饰。每间的房门均向南开，门口用草泥土筑一道半圆形门槛，高 8 厘米，厚约 10 厘米。门道的地面上，有一层厚约 0.5 厘米的践踏路土通向屋外。

房内的居住面为两层，都用火烧烤过。中间正房的东南角有一个长方形灶坑，周壁已被火烧成青灰色。上、下两层居住面上都存留着屋内主人活动的路土面，显然两层居住面不是同时铺垫的。两侧的耳房内均无灶坑，室内铺垫也比较简单，可能是奴婢的居室。在附近的另一座奴隶主居住的高台基建筑中，夯土里发现了一具十七八岁女奴的骨架，俯身直肢，双手卷曲，四肢均有绳索捆绑痕迹，是奴隶主建房时被用来奠基的牺牲品。由此可见，这个奴隶制庄园中的阶级压迫是很明显、很深重的。

平民和奴隶的房屋，在孟庄遗址中发现了两种。第一种房子的墙壁也是用黑色草泥土逐层往上垛成的，但房下无夯土台基，多呈方形；第二种房子是圆形的，建筑于生土之上，居住面平坦，未经细致加工修整。这两种房子的结构显然比奴隶主的居室简陋得多。

在庄园中发掘出的冶铸作坊，是一座长方形地面建筑，南北长 3.6

商代青铜爵

爵是我国最早出现的青铜礼器，青铜爵是夏代晚期开始出现的，当时的形制还带有陶爵的特征，器壁较薄，表面粗糙，没有铭文。

米，东西宽 2.4 米，总面积仅 6 平方米多，显得很狭小。房基的四边有 12 个圆形柱洞，支撑着屋顶的木柱仅留灰迹。房内地坪凹陷，表面被火烧烤成红色。室内外出土些炼铜的坩埚残片和大量草泥土铸范遗迹，表明这里是一处冶铸作坊。

这个聚落的陶窑保存尚完整。在陶窑、房址和灰坑中，出土了比较丰富的农业、手工业生产工具、武器和生活用具，还发现了商代早期的釉陶、残青铜爵、编织的草鞋、蒲席、绳子、装饰品、卜骨卜甲等①，增进了我们对这个商代庄园的生产和生活的了解。

黄河流域的陕西、山西、河北、山东各地也发现了一批规模不同的商代村落。在一些方国的都邑中宫室建筑和民居建筑是并存的。陕西的商代遗存，在华州区南沙村、蓝田怀珍坊、耀州区北村、西安老牛坡和许家寺等遗址中都有发现，其中西安市郊灞河北岸的许家寺，发现的商代民居是长方形地面建筑。房屋基址系先挖竖穴浅坑，分层填土夯打而成。基址上挖两排柱穴，内填河卵石、沙子和黏土，夯打坚实，上垫柱础石，东西两排，每排 4 个，整齐有序，房屋地面有踩踏硬面。山西垣

① 《河南柘城孟庄商代遗址》,《考古学报》1982 年第 1 期。

曲南关与商代城址并存的民居建筑，房址为半地穴式圆角方形，长宽各4米，地面用胶泥抹平，室内中心立木柱支撑屋顶，四周亦有数个柱洞，西南角为斜坡门道，保留一级台阶，室内多处被烧成青灰色，这种房子多为下层市民和奴隶的住室。北京昌平区张营的商代遗址，发现了半地穴式居室建筑，平面呈葫芦形，其中居室部分为圆形；灶坑位于居室的东北角而突出在居室之外，直接挖在生土之内，形状为抹角方形。居室直径约1.8米，门道位于居室西南部，长0.8米，宽0.9米。灶坑经长期使用而烧成灰蓝色。山东省章丘的董东遗址，是一处从大汶口文化时期至商周时代人们世代聚居的村落遗址，这个遗址发掘的2座商末周初的民居建筑，为半地穴式长方形，地穴较浅，是在原地面下挖深约0.45米，地穴口外筑墙，比较简陋。房屋建筑面积近7平方米，门道设在南壁中部。室内居住面用厚2厘米左右的黄土铺垫，用火烧烤。房子四角及门道两侧各有一个柱洞，可复原成四角攒尖式屋顶，有的柱穴中垫着小石块和碎陶片。房屋西南角是圆角，靠近墙角有一个椭圆形灶址，由火门、火膛、烟道组成。这种烧灶修砌得很讲究，火膛呈斜坡状，由火门到烟道逐渐升高，有利于烟火之燃烧畅通。

从以上黄河中下游的部分民居建筑可以看出，商代的普通民居营造方式与夏代以前相比并没有突出的改变，大量平民与奴隶仍居住在简陋的地面泥屋草棚或半地穴式建筑内，与奴隶主贵族的宫室形成强烈的对比。

在这一时期，长江流域的民居建筑比氏族社会晚期和夏代的民居有较大的进步，不同地域内的建筑形式也有明显差异。长江上游大渡河流域的四川丹巴县中路乡罕格依遗址发掘出商代的一处村落。这个村落面积约2万平方米，文化层厚8米，考古工作者清理出一批房屋、灰坑和墓葬，出土了比较丰富的商代少数民族遗物。

罕格依遗址局部发掘出房屋10座，排列紧密有序，均为石块垒砌的长方形建筑。墙体是用不规则的石块砌成，有单层的，也有二至三层的，内壁涂抹泥浆。有的居室内用掺和料礓石的土铺垫。石墙多不高，在0.7～1.5米，个别高达2.5米。门设在墙角处，无固定方向。房屋有用与墙一体的石块做成的阶梯通向门外。从出土遗物来看，这个村落的居民经济生产中采集和狩猎占有相当大的比重，农业比较落后，碳

三星堆青铜鸟

作为远古时代图腾遗存及自然崇拜、神灵崇拜、祖先崇拜之物，鸟与蜀族之关系极为密切。几代蜀王都以鸟为名，而三星堆文物中众多的鸟形器物及纹饰图案，更从考古发掘的角度提供了有力的实证。

十四测定距今约 3 500 年。

相邻的成都平原广汉三星堆遗址，商代的民居建筑则不是用石块垒砌的，大多为平地起建的方形房子，形制与中原地区及长江中游常见的地面建筑相似。

由于奴隶主贵族的残酷剥削和压迫，许多奴隶都过着饥寒交迫的生活，常年居住在仅能遮风避雨的简陋泥屋草棚和山洞中，留下遗迹难以发现。1988 年，考古工作者在长沙地区的宁乡市黄材镇井冲村发现一处商代洞穴遗址，是由众多的花岗岩洞穴组成的居室，洞穴最大面积不过 5 平方米，高度多数只有 1.5 米，出入的洞口狭小且不规则，洞内堆积着奴隶们曾经使用过的陶器与石制生产工具。

商代东北地区的部族大多过着原始氏族社会末期的生活，除了辽宁西部出现少量奴隶制初期的方国外，辽东乃至吉林、黑龙江一带的氏族部落农业经济仍很落后，渔猎生产占有重要的地位，居室建筑也是相对落后于中原和辽西地区的。在辽东半岛的大连市甘井子区李家村大嘴子遗址，发掘出一个商代的村落。这个遗址坐落在黄海北岸三面环海的半岛顶端台地上，居民以农业、狩猎和捕捞海产软体动物为生。从初步清理的一批房址可以看到，这里当时的民居仍以土坑半地穴式为主，不过在技术上比新石器时代有所改进，在一些半地穴式房屋建筑中采用了石砌墙壁的方法。这些房屋多为圆形窝棚，室内居住面铺垫一层厚厚的黄土，踩踏坚硬但不平整，用立柱支撑屋顶，屋顶有檩、椽结构，抹有草拌泥。这些窝棚搭盖简单，没有专设的门道，室内也不见烧灶，似乎表明人们的习俗是在室外烧煮食物。这种建筑习俗在附近的金州市庙山遗址也有发现。在大嘴子遗址还清理出一道石墙，是两侧垒砌石块、中间填塞黄土筑成的，表明这个遗址是有防御设施的村寨。

总之，同商代奴隶主贵族的高大城堡和深宅大院相比，同王室巍峨壮美的宫殿庙堂相比，当时平民和奴隶的住宅建筑是相当简陋的，与新石器时代的原始建筑没有太大的变化。考古发掘证实了商代奴隶制度的阶级差别，说明了剥削和压迫的残酷性、野蛮性。因而，无论是雄伟高大的城堡，还是富丽堂皇的宫室庙宇，建筑艺术的进步与发展全部浸满了奴隶们的血汗。从这种意义上讲，创造艺术的不仅仅是编绘城堡、宫室的贵族艺术家，其主体应该是居住在泥屋、草棚、山洞中的衣不蔽体、食不果腹的奴隶。

第三节
夏商时期的雕塑艺术

>>>

严格说来，雕塑艺术是属于城市的公共艺术。从这种意义上说，在夏王朝及同时期各地林立的早期奴隶制王国产生之前，还没有出现真正属于城市建筑领域的雕塑艺术。以夏王朝为代表的奴隶制国家的产生和几个世纪之后夏被商所取代，社会发展促使无数城市在中华大地上拔地而起，与之相伴的雕塑艺术终于从新石器时代的玉石雕刻和陶塑艺术中脱胎而生，成为与建筑艺术共同发展的艺术形式。

商代青铜三羊铜罍

祭祀对于古人来说，是非常神圣的国家大事。在祭祀活动中，羊是较为高等的祭牲。罍是一种典型的礼器，一般多用于盛酒。刘家河出土的这件三羊铜罍高约27厘米，口径约20厘米，肩部等分凸起三个羊首，造型生动逼真，是研究商代文化不可多得的文物珍品。

夏代彩陶双耳壶

彩陶双耳壶，撇口，颈部斜收，扁圆腹，颈腹间有双系如耳，平底。造型别致，周身彩绘，纹样奇特，砖红色胎骨较为细密坚致。老化痕迹明显，整体具有鲜明的时代特征和地域风格。

一、夏代的雕塑艺术新成就

距今4 500年前后，奴隶制文明已在黄河流域、长江流域和辽河流域普遍出现。新的生产关系对社会组织、结构都有较大的调整，手工业基本上从农业和畜牧业生产中脱离出来，出现了大批从事各种专业生产的手工业匠人。在建筑、制陶、制骨、竹木器、玉石器和铜器冶铸方面涌现出的不同奴隶群体，为雕塑艺术的发展和创新做出了巨大贡献。

总的看来，夏代雕塑艺术的主体仍然是玉石器、骨角器和陶器等手工业制品中产生的精品，还没有形成独立的艺术门类和体系。城市建筑

中的雕塑艺术更显得微乎其微。不过，在氏族社会雕塑艺术萌芽中产生的新成就，突出在木雕艺术和早期铜器铸造工艺中体现出来。

玉石器制造业在龙山文化的基础上有了更大的发展，各遗址出土了不少玉制琮、圭、璋、钺和一些小型装饰品，主要是随葬品。夏文化中心地区的河南偃师二里头发现的一件柄型玉装饰品，上面雕琢着上、中、下三组规整的兽面纹，其间饰有两组花瓣纹，兽面用单线和浮雕相结合的技法雕成，线条流畅，纹样与后来在青铜器上常见的一致，工艺水平很高。还有一件兽面铜牌，上面用200多块绿松石镶嵌而成，是中国最早的铜镶玉石制品，也具有很高的艺术价值。在陶寺遗址和东下冯遗址分别出土了中国最早的石磬，虽然仅打琢成型而未经磨制，但这些石磬的出现，社会意义是十分重大的。这些物品从侧面反映了夏代玉石雕塑艺术的水平。

夏代远离中原的其他地区，各部落王国的玉石雕塑水平也有不同程度的提高。辽河地区的夏家店下层文化、黄河上游的齐家文化、海岱地区的岳石文化和江汉地区石家河文化，都是与夏王朝并立的早期奴隶制铜石并用文化，与夏王朝共同创建了中国古代文明。在齐家文化的甘肃武威皇娘娘台氏族墓地中，不少成年男女的合葬墓发现大量玉器，个别男性身上的玉璧达80多件。该遗址附近发掘出一处规模较大的玉器作坊，出土了一批玉器、石器、铜器和陶器，其中以玉石器最为丰富，还发现了制作玉器的边角料、半成品、毛坯和大块的玉材等计161件。有一块30厘米见方的玉板，厚度3厘米以上，切割的一面非常平整光滑，横截面有一端还留有用锅子切割一半的深痕。在这个作坊中发现玉璧成品37件，玉制手工工具锛、凿、斧、刀等8件和石制工具近百件。武威皇娘娘台遗址及玉石作坊的发现，说明在夏代早期甘肃地区的玉石雕塑工艺已比新石器时代的马家窑文化明

玉 琮

显提高了。

龙山文化晚期，黄河流域和长江中下游地区社会经济发生着急剧的变革。当夏王朝统治中原一带之后，黄河下游海岱地区的典型龙山文化也发展到了一个新阶段，这就是20世纪90年代确立的岳石文化。长江中游一带，则进入石家河文化阶段。由于岳石文化的典型遗址发现较少，当时的雕塑艺术水平至今尚不清楚。石家河文化的陶塑工艺则表现出比新石器时代更大的发展。除了丰富的陶塑动物群之外，石家河遗址的一件陶器上刻画有类似兽面的纹饰，表明这种文化遗存已跨入了青铜时代。

作为夏代雕塑艺术的新成就，木器雕刻在这一时期显示出手工业工匠们的智慧和才干。山西襄汾陶寺遗址的规模宏大的氏族墓地中，出土了极为丰富的新石器时代之末到夏代的木器，其中有数十件家具、盛食器皿和其他种类木制工具，包括精美的木案、木觚、木杯、木斗、木俎、木盘、木豆、木匣及仓形器，不少木器是经过雕刻加工的，表明当地的木器加工已达到同时代的最高水平。

夏代的铜器铸造工艺也反映了雕塑艺术的新成就。二里头文化发现的青铜器有爵、铃、戈、镞、戚、刀、锛、凿、锥、鱼钩等。这批青铜器的出土，虽然产品还不多，形制也很简单，仍充分显示了社会生产力的进步。二里头遗址发现了不少铸造铜器的陶范、坩埚和铜渣等，山西夏县东下冯遗址则出土了石范。一些陶范和石范的雕塑工艺说明这种工艺手段为青铜器的产生和发展提供了先决条件。在夏王朝周围的一些王国中，也先后发现了青铜器。西辽河流域的夏家店下层文化出土的铜器表明，夏代晚期这一地区的铸铜作坊已使用了合范和内范，赤峰四分地遗址出土的一件陶范，有合范的母榫和刻画符号。甘肃、青海一带的齐家文化遗址中，多次发现红铜器和青铜器，也采用了单范铸造和简单的合范铸造技术。

二、商代的雕塑艺术

商代是中国奴隶制经济繁荣发展的时代，雕塑艺术在手工业的许多领域都呈现出空前的进步，并开始与建筑艺术相结合。

商代的制陶业很发达，除各地大量生产一般的灰陶器外，也生产一些红陶、黑陶和少量精美的白陶。在商代遗址中多次发现质地坚硬细腻、刻纹美丽规整的白陶，当时这些质量很高的白陶和青铜器同样贵重。在江南地区，普遍生产一种压印各种花纹图案的硬陶和涂上一层石灰釉的釉陶，这种釉陶是青瓷的前身，亦称原始瓷器。河南安阳殷墟出土的白陶，有壶、簋、豆、瓿、斝、尊、觯、带盖罐和罍等，普遍装饰着乳丁纹、蕉叶纹、饕餮纹、云雷纹，十分精美，显然和雕塑艺术的进步有必然联系。商代的建筑用陶主要是水管，早期的陶水管一端大，一端小，便于套接。有的水管长达 42 厘米；晚期的水管两端较一致，且出现了三通管。

雕塑艺术的进步在手工业中的体现，最突出的是青铜器制造业所取得的成就。在各种官营的手工业作坊里，工匠们的青铜铸造工艺水平已达到相当纯熟的地步。王都和各地贵族统治的大邑中，都设有不同规模、各种专业分工的青铜器作坊，能制造出各种精美的青铜器皿和实用的生产工具、武器。考古发现的商代青铜作坊，其面积有数万平方米的，也有 10 余万平方米的。作坊遗址内都出土了数量可观的陶范、坩埚块、木炭、铜锭、铜渣、小件铜器等，以及与铸造生

商代白陶刻饕餮纹双系壶

白陶早在新石器时代晚期就已出现。至商代，由于烧成温度提高，原料的淘洗亦较精细，致使白陶质地更加洁白细腻。饕餮是古代传说中一种贪食的恶兽，商周时期的青铜器上多用它的头部形状来作为装饰，称饕餮纹。

产有关的其他遗存。陕西省汉中市城固县发现的商代铜器窖藏，出土了 400 多件青铜礼器和兵器等，其中 4 件青铜尊的肩部有 3 个牛头突饰，最大的高 44.5 厘米。一件牛头形青铜面具是当地铸造的极富特色的作品。殷墟出土的著名的司母戊大方鼎，形制雄伟，高 1.37 米，重 875 千克，是商代后期青铜器的杰作，反映了雕塑和铸造技术的很高水平。殷墟妇好墓出土的 5 件铜编钟，制作精美，可构成四声音阶序列，铸造工艺的难度很大。1989 年发现的江西省新干县程家沙洲商代中期大墓，随葬品极为丰富，计有青铜器 480 余件，玉器装饰品 100 余件，陶器近 300 件。其中尤以青铜器最引人注目，其数量之多、造型之奇、品类之全、纹饰之美、铸工之精不仅为江南地区所罕见，在整个商代社会中也是令人惊叹的。在新干商墓中铜器纹样和玉器装饰上普遍盛行虎的雕塑性形象及独特的带状燕尾纹，表现出浓厚的地域特点。商代青铜器铸造工业的繁荣，与雕塑艺术的繁荣相伴随。

同过去一样，商代的玉石器和骨角器手工业技术也体现出雕塑艺术的水平。商代的玉器制造业是在夏代的基础上，充分吸收各地的先进经验，特别是东部沿海地区良渚文化的工艺技术而发展起来的，因此，中原地区发现的商代玉器，往往带有东方一些部族的传统特点。商代早期的偃师二里头遗址出土的玉器，有圭、戈、刀、琮、钺、铲、板、柄形器等，造型与纹饰的设计合理美观，雕刻的线条清晰流畅，工艺相当精巧。中期以后，玉器大量增加，郑州商城、湖北黄陂盘龙城、河北藁城台西、北京平谷刘家河、江西新干商墓等都出土过精美

商代玉援青铜内戈

玉援呈青黄色，长条状，通体抛光。前锋尖锐，有上、下刃与中脊，援末端嵌入青铜体之中，近末端处有一圆穿。与玉援相接青铜体前段为长方形，上以绿松石嵌作饕餮纹。此器制作精致，应为礼器。

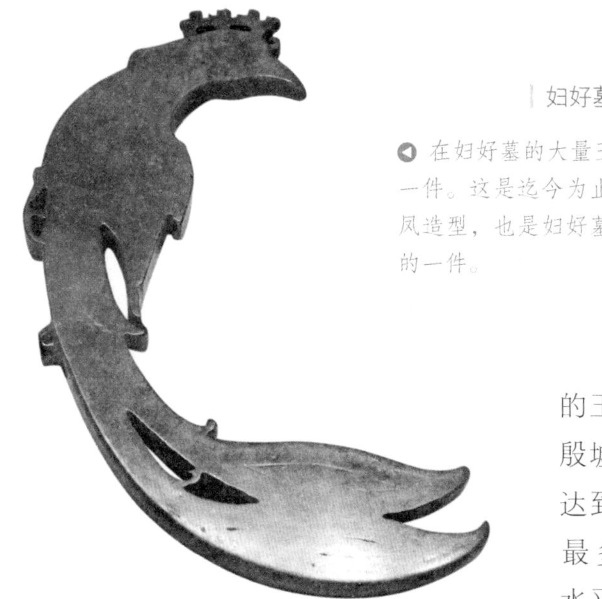

妇好墓玉凤

在妇好墓的大量玉器中，玉凤仅此一件。这是迄今为止发现的最早的玉凤造型，也是妇好墓装饰品中最精美的一件。

的玉器。商代晚期的殷墟，出土的玉器已达到数量最多、形制最多、工艺最精的水平，充分显示了王室气派和雕塑艺术的成就。其中仅妇好墓就出土玉器700多件，大多是礼器或与礼制有关的器具。这些玉器形制规矩匀称，花纹线条流畅，制作难度很大。墓中出土了十多件玉雕人像和人头像，运用写实手法，把不同阶层、不同性别的人物及其服饰、发饰都做了细致的刻画，不仅具有一定艺术价值，而且对研究人种和他们的社会生活也有重要的参考意义。妇好墓和殷墟一些居址中还出土了一批玉雕的动物，有20多种现实生活中常见的飞禽、走兽、鱼鳖、虫豸等动物，以及龙、凤、怪兽、神鸟等反映社会宗教意识的作品。在出土的商代玉器中，以线雕、浮雕等平面雕居多，每件作品都体现了工匠的成熟技法。圆雕艺术也占有一定的比重，表明雕刻者不但具有立体造型的能力，而且对雕塑的对象及玉材的选样和运用取舍，都有比较丰富的知识。蹲坐的猴子、直立的大象、爬动的乌龟、升腾的飞龙，个个生动传神，有强烈的艺术效果。

商代的制骨业比夏代以前更为发达，已形成规模较大的手工业。不少制骨作坊是奴隶集中劳动的重要场所，其工艺技术已达到十分成熟的水平。在妇好墓中，出土骨器560多件，有小刀、勺、匕、梳、镞、笄等，也有虎、青蛙和人形骨雕艺术品。墓中出土的3件象牙杯是罕见的瑰宝，杯身用中空的象牙根段制成，因材设计，工艺十分巧妙。一对象牙杯的鋬耳雕成夔形，通体雕刻四段花纹，并镶嵌着绿松石片；另一件带流杯，鋬耳雕刻成虎形，通体雕刻极精细的鸟、饕餮和夔纹，并衬以雷纹，技艺之高超令人叫绝。

夏、商两代雕塑艺术的发展，一方面继承了新石器时代晚期的原始雕塑艺术的经验，另一方面更集中了中华大地各部族艺术创造的精华，在文化交融中不断创新，不断前进。不过，当时的雕塑艺术往往是通过各种手工业生产表现出来的，还没有成为独立的艺术门类。

第五章

西周的建筑与雕塑

5

西周时期是中国奴隶制社会盛极而衰的转折阶段，这一时期的建筑与雕塑艺术充分体现了奴隶制的繁荣和正在兴起的地主、商人、大作坊主、乡绅们蓬勃向上的力量。周王朝的统一为各地建筑师和工匠的交流创造了条件，许多建筑遗迹显示出这种文化交流和经验融会的特点，闪耀着科学技术日趋发展的光辉。从公元前 11 世纪初周族自豳迁移至岐山下的周原，到前 771 年西周灭亡，300 多年的时间内从京畿到边鄙，留下了不计其数的遗址、遗迹。我们把这一时期的建筑与雕塑艺术，分成周原的早期宫室（宗庙）建筑、丰镐的宫室（宗庙）建筑和各地的民居建筑艺术来介绍，其中包括一些属国和边疆民族的建筑与雕塑。

第一节
周原的早期宫室（宗庙）建筑

>>>

周族是一个非常古老的部族，早在新石器时代就生活在黄河中上游的泾水、渭水流域。传说其始祖后稷，名弃，是羌族的一个首领，夏代曾活跃在陕西、甘肃接壤地带的子午岭以西、洮河两岸和岷山东麓，创造了寺洼文化。公元前12世纪末至11世纪初，周族在古公亶父的率领下向东迁徙，定居于今陕西宝鸡、凤翔、扶风、彬县一带。他们摆脱了长期从事的采集和狩猎生活，逐渐熟练地掌握了农业生产技术，并向东继续发展，终于成为西北诸部族中一支势力强大的军事集团，并以武力战胜了商王朝，建立了东方最为强盛的奴隶制王国。

从周武王灭商到周幽王的统治崩溃（前1066—前771），史称西周。在这近300年的时间里，中国社会的经济发展随着政治制度的变革而出现许多新的变化，科技、教育、思想和艺术也都呈现一派新面貌。代表着西周建筑和雕塑艺术发展水平的周原早期宫室（宗庙）建筑，是西周前期的典型创造。

周原位于陕西省的西部，北倚岐山，南临渭水，地势为西北高、东南低的河谷平原。箭括岭为岐山最高的一座山峰，山麓平原海拔在900米左右。这一带在三四千年前林木葱郁、土地肥沃，自古就有“周原膴膴，堇荼如饴”[①]之称，是周族赖以夺取中原的重要根据地。周族人民赞颂这片土地，称为“居岐之阳，在渭之将。万邦之方，下民之王”[②]古公亶父率周人在此立国后，即营建了巨大的都城，称为京或京邑。经过数十年的考古钻探和发掘，现在已经确定周原遗址就在今陕西省岐山县京当镇和扶风县法门镇一带，其范围东西宽约3千米，南北长

① 《诗经·大雅·緜》。
② 《诗经·大雅·皇矣》。

三门峡虢国西周车马坑

虢国贵族以大量的车马随葬，不仅反映了虢国人高超的造车技术，同时也反映出虢国贵族身份地位之高及崇尚武勇、偏爱车马的世风。

约 5 千米，总面积 15 平方千米左右。在此范围内分布着非常密集的周代早中期遗址，证明在周文王以前这里一直是西周的政治和经济发展中心。

限于考古发掘资料，目前周原的城墙及城内布局情况还不能详细了解。但自 1976 年以来在这里发掘的一批重要遗址，使我们对西周早期的宫室（宗庙）建筑与雕塑艺术有了比较深刻的认识。

对于周人在周原营建宫室与宗庙，在《诗经》中有大量的描写，可见这种劳役在当时是相当重要的社会工程。《大雅·绵》中用生动的语言，形象而具体地记叙了这些场面。

爰始爰谋，	大伙计划又商量，
爰契我龟：	刻龟占卜望神帮；
曰止曰时，	神灵说是可定居，
筑室于兹。	此地建屋最吉祥。
乃慰乃止，	这才安心住岐乡，
乃左乃右，	这边那边同开荒；
乃疆乃理，	丈量土地定田界，
乃宣乃亩。	翻地松土垅成行。
自西徂东，	从西到东一片地，
周爰执事。	男女老少干活忙。
乃召司空，	召开司空管工程，
乃召司徒，	人丁土地司徒掌，
俾立室家。	他们领工建新房。
其绳则直，	拉开绳墨直又长，
缩版以载，	树起夹板筑土墙，
作庙翼翼。	建成宗庙好端庄。
捄之陾陾，	铲土噌噌掷进筐，
度之薨薨。	倒土轰轰声响亮。
筑之登登，	捣土一片噔噔声，
削屡冯冯。	括刀乒乓削平墙。
百堵皆兴，	百堵土墙齐动工，
鼛鼓弗胜。	声势压倒大鼓响。
乃立皋门，	建起周都外城门，
皋门有伉。	城门高大好雄壮。
乃立应门，	建起宫殿大正门，
应门将将。	正门庄严又堂皇。
乃立冢土，	堆起土台作祭坛，
戎丑攸行。	大众祈祷排成行①。

① 采用程俊英译诗，见湖南出版社《诗经》，1993年版，第542—544页。

这首诗从建筑基址的选择、测量到组织施工、劳动过程和最后竣工，在我们眼前展现了一幅幅生动而有气势的画面。此外，如“之子于垣，百堵皆作”①，“似续妣祖，筑室百堵，西南其户”②等，都反映出西周建筑事业的兴旺景象。

1976 年在岐山县京当镇凤雏发掘的一座宫室（宗庙）建筑基址，是经过考古工作者科学发掘的大型建筑基址，增加了我们对周原建筑艺术的了解。

凤雏的宫室（宗庙）建筑是一座由门道、前堂、后室和厢房组成的完整院落，以庭院为中心，以院落为单位，整组建筑坐落在一个高 1 米多的大型夯土台基上。台基南北长约 45 米，东西宽 32.5 米，总面积近 1 470 平方米。其格局是以门道、前堂、过廊和后室为中轴，东西两边配置厢房各 8 间，并有回廊相连，形成左右对称、布局整齐的两进四合院式布局。前堂是这组建筑的主体，其东西长约 17 米，南北宽约 6 米，面积百余平方米。在这组建筑中，前堂显得分外壮观威严，面阔 6 间、进深 3 间的建筑地面和墙壁都用细泥掺和砂子、石灰的三合土涂抹，表面光洁坚硬。院内敷设排水道，其中东门房台基下的一条南北走向的水道向南排水，是在台基上挖槽，然后放置互相套接的陶水管构成，经填土夯

西周夯土标本

传统建筑建造时，将一块泥土中的空隙经过夯的动作之后变得更结实。材质环保节约，冬暖夏凉，可以实现就地取材。夯土建筑也称生土建筑，自古有之，源远流长。

① 《小雅·鸿雁》。
② 《小雅·斯干》。

实而与地面平齐。在陶水管水道以南与其相连的是由河卵石铺成的另一种水道，穿过前院。在东西小院、过廊下有一条东西向的卵石铺成的水道，自西向东穿过东厢房将水排至宫室（宗庙）外的一条南北走向的大沟内。

距大门前4米远的前院正中，有一座近5米宽、1米多厚的影壁，这是商代及以前建筑中少有的新设施。中院和后院的东西小院通向两侧回廊的地方，都有台阶铺设衔接。台阶大小基本相同，长1.2米，宽1.3米。不过中院北部的三组台阶较大，正对着前堂门，为斜坡形，中间的一组最大，长2.1米，宽2.2米，可能是一种礼制的反映。

从平面布局上可以看出，凤雏村的这组建筑至少有三个庭院，主体建筑在庭院的正北。这种建筑设计的布局，与《仪礼》上记载的周代前堂后室或前朝后寝的制度基本相符，也与《史记·周本纪》等典籍记述的古公亶父在周原地区修筑城郭、兴建宫室的记载相印证。经考古学家研究及碳十四测定，这组建筑的年代距今3 100年左右，相当于古公亶父和文王时期。在这个规模宏大的建筑基址中，还发现了一些窖穴和一批遗物。

第二节
丰镐和周原的中晚期宫室建筑

>>>

丰镐遗址，在今陕西省西安市西南12千米的沣河两岸。周文王所建丰邑在沣河之西，周武王所建镐京在沣河东岸。即今沣河西岸的客省庄、马王村、张家坡、大原村、冯村、曹家寨、西王村一带，面积约6平方千米的地带，以及沣河东岸洛水村、泉北村、普渡村、花园村、白家庄、斗门镇一带，面积约 4 平方千米的西周遗址群落。岁月沧桑，当年的丰镐二京在地面上已了然无痕，但考古工作者的艰辛发掘已经揭示出当年的许多居室、墓葬、车马坑、窖穴和其他遗迹，以此再现出西周 300 年统治的盛衰荣辱和人间万象。

随着经济的迅速崛起和政治制度的日趋完善，周人不断沿渭水而下，向东扩展其势力。到了周文王时期，利用商王朝的腐朽与暴虐，周族很快消灭了沣河流域商的属国崇国，于是把国都从岐山脚下的周原迁到了丰，建丰邑于沣河西岸。不久，武王又于东岸营建镐京，并由此举起了攻商伐纣的大旗。尽管后来周公旦在洛阳又建起周城，自成王都洛邑直到西周衰亡，政治和经济中心渐向东移，但三百年间丰、镐二京始终都是西周的统治中心，直到平王东迁才废弃而破败。

丰、镐的城墙及宫殿基址至今尚未发现，一些大型建筑基址及铸铜、制陶、制骨等手工业作坊遗迹依稀反映出当时王都的繁华。有关文献的记载和周原发现的西周中晚期宫室（宗庙）遗址，则是这一时期建筑与雕塑艺术的证明。

丰、镐二京隔河相望，实际上是一个城市的两个分区，镐京建成之后，丰京并未废置，故历史上始终并称丰镐二京。

1983—1985 年，考古工作者在沣西马王村和客省庄发现十几处夯土建筑基址，但大多破坏严重，无法复原昔日的面貌。其中 4 号基址平面呈“T”形，东西长 61.5 米，南北宽 27 ～ 35 米，总面积近 1 830 平方米，是目前已发现的西周建筑基址中最大的。在这里出土了完整的大板瓦，长约 45 厘米、宽 30 厘米。完整的陶水管也有 1 米多长。这些建筑构件，显然是王室宫殿的建筑遗物。

西周中晚期的宫室和宗庙建筑，比早期有所发展，一方面表现在建筑技术的提高和装饰艺术的加强，另一方面表现在布局更加气势宏大，结构更加严谨有序。据战国时期的《考工记》一书所载，当时的都城制度为“匠人营国，方九里，旁三门，园中九经九纬，经涂九轨，左祖右社，前朝后市。”《左传》与汉初所传《礼记》曾记述周朝宫室的外部建有为防御与揭示政令的阙；有五层门，即皋门、应门、路门、库门和雉门；有处理政务的三处朝房，即大朝、外朝和内朝等。自从周公制定礼

西周内单钉板瓦

中国是从夏早期开始在屋顶用瓦，起先在草顶上局部铺瓦，随着制瓦技术和工艺的提高改为全铺瓦。

乐之制后，宫室和宗庙的建筑艺术进一步体现出奴隶制的等级尊卑。周礼规定，只有天子和诸侯可使用在台基上建屋的“台门”；迎门所设的高大影壁称为“树”，也只有天子和诸侯可以设“树”。《礼记》所载的建筑装饰色彩是天子用丹，诸侯用黝，大夫用苍，士用黄。这些制度虽然伴随着周室衰微、王道不兴而有所破坏，但也说明了都城和宫室、宗庙建筑的突出成就。

扶风县法门镇召陈村发掘的大型建筑基址，是西周中晚期的遗迹。在中期的7号基址一间室内，发现有地下火坑，当是取暖用的地炉。晚期的建筑基址共清理出13座，布局独特，不采取中轴对称的形式，其中规模较大，保存较好的3号、5号、8号三座长方形基址略呈品字形排列。3号夯土台基东西长24米，南北宽15米，上面东西有7排柱础，南北有6排，有的柱础大者竟达1米左右。台基内有两道隔墙，将台基分隔为3间，复原起来是一座四阿重屋式建筑。8号基址略小，台基周围有半米左右宽的卵石散水。对于这类大型建筑，由于出土遗物很少，其性质尚不能判定。有人认为是周人的宗庙或宫室建筑，也有人认为可

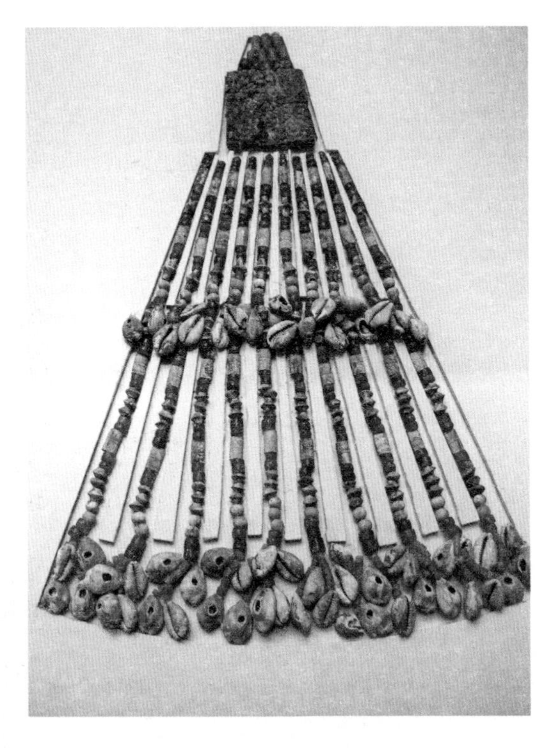

西周贝壳玉佩

能是王室显贵的宅院。

西周的宫室建筑比商代以前更加讲究装饰艺术。召陈村的 9 号基址周围用卵石铺的散水，系用黑、白、绿三种不同颜色的卵石，整齐地铺排，给人一种明显的美感。在这个遗址中还发现一件汉白玉的菱形建筑装饰物，四侧面均磨光，正面雕刻着精致的雷纹，据说是镶嵌在墙壁上的。在凤雏村和召陈村都发现了蚌雕的建筑装饰物，除了圆形蚌泡以外，凤雏村还发现了饕餮纹和几何纹雕饰品。这些建筑饰件是用大小不一的蚌片雕刻镶嵌而成，蚌片磨制得平整光滑，镶嵌的图案非常精美。

第三节

其他城市建筑

>>>

西周时期的城市建筑已相当发达，远离京畿的许多诸侯国，都城的规模都很大，其中商代已很发达的城市焦、祝、蓟、陈、杞、营丘、曲阜、管、蔡等被周武王分封给灭商的功臣与宗室诸侯，使这些城市进一步繁荣兴盛。后来周公旦营造洛邑，认为这个城市的位置非常重要，称“此天下之中，四方入贡道里均”。成王、康王之时“天下安宁，刑错四十余年不用”，使农业经济和城市手工业生产较快地发展起来。洛邑很快成为中原地区的重要城市，为西周末年平王东迁奠定了基础。

周公营建的洛邑，位居河南省西部的伊洛盆地，南临伊阙，背靠邙山，四周群山环绕，气候温和，雨量适中，伊、洛、瀍、涧四水蜿蜒流贯其间，是一个山清水秀、物产丰饶的好地方。自新石器时代起，洛邑一带就不断有氏族部落聚居，夏商两代在洛阳市东偃师二里头营建了王城和宫殿，所以这处天下形胜之地深为周公赞赏。据《尚书》的《召诰》和《洛诰》两篇文献记载，并经一些出土青铜器铭文证实，周成王在五年二月二十一日这一天由镐京来到丰京，向宗庙告祭，接着便派太保召公先去洛邑复查周公旦确定的筑城地点。召公到达洛邑后，多次察看地形，并指令殷遗民在洛水北岸规划城郭、郊庙、朝市的位置，仔细研究了新邑的规划。三月十二日，周公亲自来到洛邑，审定了规划并举行了隆重的占卜，卜兆大吉。于是周公便赶回镐京把营建洛邑的计划和卜兆呈送成王，得到成王的批准，开始正式动工兴建成周洛邑。

据《汲冢周书·作雒解》记载，成周洛邑“城方千七百二十丈，郛方七百里，南系于洛水，北因于郏山（即北邙山），以为天下之大凑”。所谓郛，即城郭，也就是外城。可见西周时的这座城市，后来又成为东周都城的洛邑规模是相当大的。考古工作者根据一些古代典籍已探查并发掘了这座城市的一部分。这座城的北墙保存最为完整，从西北角的东

西周筒瓦

干沟至东端的唐城西墙止，全长 2 890 米；西部城墙也陆续可以清理，从东干沟向南，稍有曲折，两跨涧水，全长 3 000 余米；城的东墙、南墙仅找到局部，大约南以洛水为屏。从现在测知的城垣，估计全城面积约 10 平方千米。从城内试掘的情况来看，城址偏南的中部有大片夯土遗迹，并出土大量板瓦、筒瓦和刻有饕餮纹、卷云纹的瓦当，估计西周和东周的宫殿就在这里。在城址的西北部，发掘出大面积的窑场；在窑场的东南是骨器制造和加工的手工业作坊；再向南则有石料场和石器作坊遗址。虽然这些作坊遗址大部分属战国遗存，但据推测西周时期的手工业区也在这一带。

除了丰镐二京和成周洛邑之外，西周的一些属国都城建筑也很宏伟。北京房山琉璃河的燕国都城，是目前考古界确认的一座西周时期营建的重要城市，对华北乃至东北地区的经济和文化的发展起着极大的作用。

琉璃河遗址是西周时期的重要遗址，位于北京市房山区琉璃河镇北 1.5 千米的台地上，面积 500 余万平方米。20 世纪 40 年代即已发现，20 世纪 70 年代以后考古工作者陆续进行科学发掘，已推定为燕国早期都邑，对探索燕国和西周社会的历史具有重要意义。这座西周早期城市的建筑艺术，也受到广泛的关注。考古调查和发掘表明，这座城市的北部城墙长 800 多米，东墙和西墙已分别探查出 300 多米。1995—1996

年，考古工作者对琉璃河遗址进行了大规模发掘，共解剖城墙3处，发现各类遗迹200余处，出土陶器、石器、玉器、骨器、原始瓷器等类遗物近千件，对这座西周早期的燕国都邑有了更全面的了解。发掘证明，城墙分主墙和内、外护坡三个部分组成，主墙一般宽3米左右，夯土质量较好；内外护坡亦经夯打，但夯土质量较主墙稍差。城墙建筑在事先平整过的生土地面上，部分地段挖有基槽，分段夯筑。夯筑方法有平夯和点夯两种，局部夯窝清楚明显。城外有护城河，河底宽约3米，河深2.3米。在东城墙发现一条用卵石堆砌而成的排水沟。在修筑城墙时，曾举行奠基祭祀活动，将献祭的奴隶埋葬于城墙内护坡之中①。总的看来，琉璃河燕国都城的建筑艺术及其规模，都不如西周的丰、镐和洛邑那样的水平。考古界认为，这座古城就是商代早已存在的蓟。

在黄河下游，西周时期存在着许多诸侯邦国，其中鲁、薛、莱、莒等的诸侯和东夷古国势力较强大，彼此攻伐，并吞邻属城邑，在西周晚期已与周王室分庭抗礼。在龙山文化晚期即已矗立于山东各地的城堡，历经夏商数百年的岁月沧桑，已多有废弃湮没；西周初兴起的城市，主要是在夏代岳石文化的较大聚落上发展起来的。

泰山脚下的曲阜，作为鲁国的都城从西周初年伯禽封于鲁至战国末被楚所灭，前后延续800多年，是黄河下游的第一重镇。1977年考古工作者对鲁国故城进行了大规模的勘探试掘，经过两年多的工作，基本查清了西周时期这座城市的建筑情况。鲁国故城平面呈不规则长方形，城垣四角为弧形，实测东墙长2 531米，北墙长3 560米，西墙长2 430米，南墙长3 250米，总周长11.7千米，面积约10平方千米，规模与河南的成周洛邑相同。鲁城共有11个城门，南墙两座，其余每面各3座。南墙的两门，西门可至大旱时求雨祭祀的舞雩台，故称雩门，史载公子偃曾出此门伐宋；南墙东门称稷门，又称高门、雉门、南门、章门，此门北通城内宫室，南有祭坛，是鲁国君臣出入鲁城的重要通道，

① 《北京琉璃河遗址发掘又获重大成果》，《中国文物报》1997年1月12日。

也是各国使臣与鲁国交往联系的必经之处。对此，《国语》《春秋》《左传》等文献多有记载。

鲁城东垣三门，南为鹿门，在今古城村东南缘；春秋时又称石门的东垣中门，遗址在今颜子店村东、五泉庄东南300米处；东垣北门在五泉庄东北角，《吕氏春秋》和《水经注》等都有所记。北垣三门、西垣三门，均已勘探查明，门之称谓后世亦几经变化。

曲阜鲁城内的建筑布局疏密有致，井然有序。宫殿区处于中心位置，居民区、市井区、手工业作坊区则环拱其外，显示出西周诸侯的尊严及严格的宗法等级制度。宫殿区的许多建筑基址，均为夯打而成。宫殿区的东部，是许多卿大夫的居室建筑，亦为大型夯土基址①。

西周的薛国故城，城址在山东藤县专区东南20余千米的官桥镇西南。1984—1986年的探查与试掘，初步查明了这座西周始建、沿用到汉代的古城形制和地下遗存分布情况。西周时建筑的城址较小，近似不规则的方形，周长近2千米，东、西、南、北各设一门，城内有若干纵横交错的道路连接东西门和南北门之间。城内已发现多处夯土基址，表明当年有一些高大的建筑。在这座西周城址中，发现了氏族社会末期的龙山文化和夏代岳石文化的遗存，也有商代和周、汉各时期的堆积，说明在西周以前这里就是人们世代聚居的大邑②。

总之，黄河流域和华北地区的西周城市，无论王都丰、镐还是较大的城市洛邑、蓟、鲁，其建筑艺术从规划布局到宫室殿堂的结构，都比商代有了明显的进步。一些较小的城市也非常注意建筑技术和城防的实用性。河南濮阳市发掘的西周著名城邑戚城遗址，目前地面上仍有城垣可见，墙体夯打得十分坚固。

在长江流域，西周时期也有许多臣服于周的方国，其中楚、吴、越、蜀等诸侯势力强大，彼此消长，共同发展着南方经济。在这些地区，城市建筑艺术并不比中原地区逊色，其中湖北江陵西北的纪南城遗址，曾是楚地的较大城市，春秋早期楚文王便在这座城市定都，后称为

---

① 《曲阜鲁国故城》，齐鲁书社1982年版。

② 《藤县薛国故城》，载《中国考古学年鉴》1987年，第172页。

郢；湖北竹山县的庸、秭归的丹阳，安徽凤台的州来（下蔡）、巢湖附近的居巢、亳州东南的城父等都是西周的重要城邑。

第四节

西周的民居

>>>

西周的城市建筑及宫室、宗庙建筑艺术反映出古代建筑技术水平的不断发展，大型宫室代表了当时的最高成就。与此同时，各地的民居建筑也在商代的基础上有所进步，由于各地不同的文化渊源而显得异彩纷呈。

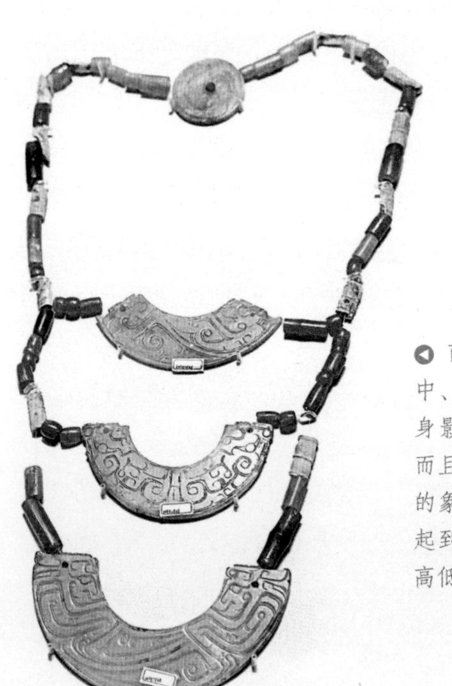

西周三璜联珠玉佩

西周时期，联璜组玉佩兴起，在早、中、晚各个时期的墓葬中均可见到它的身影。其不仅具有装饰上的美化功能，而且具有礼玉性质，是墓主人身份地位的象征。玉璜不仅是组玉佩的“骨架”，起到支撑的作用，而且也是组玉佩价值高低的标志。

在西周社会里，周王室不但已控制了黄河流域的广大地区，而且其政治势力已远及长江以南的湘、蜀、鄂、赣和吴越各地。河西走廊以西和西辽河流域东北地区虽然存在着许多游离性很强的半农半牧的民族，但与中原的周王朝也有不断的交往，不时献上弓矢、兽皮和玉石宝物。当时的民居建筑，大多数以平地起建的方形、长方形泥墙草棚式建筑为主，仍存在着一些半地穴式窝棚，与周王室和各地奴隶主贵族的大院高堂相映衬，平民和奴隶的居室十分简陋。在南方，西周时期仍有一些部族居住在干栏式建筑中，而东北地区的石砌院落式居民也很有地方特色。

西周四璜联珠玉佩

就在丰镐遗址的大型建筑基址附近，考古工作者不断发掘出许多小型民居，反映了周人“陶覆陶穴”的传统生活习俗。土窑式建筑系先在地面挖一个深约 5 米的圆形土坑，再从坑壁一面向里掏挖出窑洞。坑底常有 1 ～ 3 个灶坑，并有一条供出入的土坡道将住室分成两半。这种居室至今在关中和豫西一带的农村还可见到。它的结构简单，建筑方便，造价低廉，具有冬暖夏凉的特点，是中国古代劳动人民科学地利用当地自然条件的一个杰出创造。

西周时期各地的不同民族聚落建筑形式有一定区别，但在北方仍是以夏商时期的地面民居建筑为主，残留着一些半地穴式建筑；在南方，仍分布着不少干栏式村寨。

西北地区的辛店文化，是西周时期大夏河流域的少数民族创造的富有特色的文化。辛店文化的居民房屋主要是半地穴式，平面呈圆角长方形，室内居住面经过多层铺垫，坚硬而平整，面积很大。房内柱洞排列整齐，可复原成人字形屋顶结构，屋子中间有两个较粗大的立柱支撑屋顶。房子中间的圆形锅底式灶坑涂有一层红色胶泥。这类房子，在甘肃永靖莲花台、姬家川等遗址都有发现[1]。

东北地区的西辽河流域，西周时期生活着考古学家称为夏家店上层文化的少数民族部落。这些部落过着半农半牧的生活，居室建筑也大都保持着半地穴式风格。辽宁凌源的三官甸子，发掘了一处城子山遗址，房屋为圆形半地穴式，直径 2.1 米，穴深 0.5 米，地面平整，室内有立柱支撑棚顶，门向东开，有长 1 米的斜坡状门道通向室外。临近的安杖子村曾是夏家店上层文化先民长期聚居的村落，考古工作者发掘出的 10 座半地穴式房屋，建筑形制与三官甸子的房屋基本一致，复原起来都是很简陋的窝棚[2]。

在东北更为偏远的黑龙江省松嫩平原上，生活着白金宝文化居民，以最初于肇源县白金宝遗址命名。这个民族的居室建筑也是以方形或长方形半地穴式为主，有斜坡状门道出入室内，门道直斜入屋内居住面上，踩踏得相当坚硬，显然是长期行走所致。这种半地穴式房屋的建筑方法与中原新石器时代的建筑相同，先挖生土坑穴，再于房内挖好几个柱洞，将柱洞内填砂土并逐层夯实，十分坚硬，然后立柱架椽，搭盖房顶。聚落中的房子内都有灶坑，坑壁因长期使用而烧结成厚达 10 厘米的红烧土。

从新石器时代中期的河姆渡居民干栏式房屋建筑在长江流域流行之后，几千年里类似的干栏式建筑一直被南方各民族所喜爱。湖北蕲春的毛家嘴遗址发掘清理的西周时期干栏式建筑，就是当时这种居民的典型代表。毛家嘴的干栏式木构建筑遗迹面积约 5 000 平方米，经发掘的两处地点，一处发现直径约 20 厘米左右的立柱 109 根，周围残存一些排列整齐的木板墙，板宽 20 ～ 30 厘米，厚 2 ～ 3 厘米。木桩和木板墙呈弧形排列，由 3 个相邻的房间组成，每间屋长 8 米，宽 4.7 米，这处遗址显然是一座干栏式建筑群；其北清理出 45 根桩木和一段 4 米长的木板墙，并发现有木阶梯残迹；其南有大块平铺木板。在另一处遗迹中，发掘出桩木 171 根，也有同样的木板墙和平铺的木板。

---

① 《甘肃永靖莲花台辛店文化遗址》,《考古》1980 年第 4 期。

② 《辽宁凌源三官甸子城子山红山文化遗存分期探索》等,《考古》1986 年第 6 期。

类似的西周干栏式民居，在毛家嘴附近也有发现，在汉水中游地区的荆门市车桥遗址也有这种建筑遗存。由于这一时期的生产工具比新石器时代先进，采用青铜工具加工木料，形成了薄而整齐的木板和较规则的榫槽，所以西周的干栏式建筑结构比过去明显进步①。

干栏式建筑比较适合河畔湖滨和潮湿地带生活的居民；与此同时，长江流域和华南地区主要的民居形式仍是地面的房屋。

1989年至1990年发掘的武汉市新洲区香炉山遗址，是西周时期长江岸上的一个村落遗址，新石器时代就有先民居住在这里，经商周秦汉乃至唐宋，一直是个较大的村落，其中西周时期的文化堆积最为丰富。遗址坐落于阳逻镇临近长江的台地上，仓埠河从西北向东南傍遗址的西侧蜿蜒流过。这个古老村庄的东部和北部都在低矮的山上，西部和南部则是广阔富饶的冲积平原，长江水曾直抵村落之南端。考古工作者清理出的12座西周民居建筑，都是略呈方形的地上建筑，从保存尚好的一座房址可知，墙用红烧土砌筑，厚5～30厘米；室内居住而亦经烧烤，西南墙角有一方形火塘，火塘边置一陶罐，可能是保存火种所用。土墙中和墙基内侧均发现了筑墙和支撑墙体的木柱残洞。从一些房址发现多层垫土和居住面几经叠压的现象得知，房屋一般经过多次修缮和重建，使用时间很长。这种房屋建筑形式，在夏商时期就已存在，与本地区多雨潮湿的生活环境和文化传统有关②。

位于苏皖交界的江苏省浦口区牛头岗遗址，是滁河下游南岸的一个新石器时代至西周的村落遗址。这个遗址中发现的西周民居建筑，房基为挖浅坑填筑的，居住面及墙壁倒塌的堆积中未见成片或大量的红烧土等，看来这一带的民居建筑非常简陋。不过，相邻的另一个西周时期村落转田村遗址，房址中的大块红烧土尚可看出树枝夹贴的痕迹，显然是房屋倒塌的墙体，说明当时民居的建筑结构有着一定

---

①《湖北蕲春毛家嘴西周木构建筑》，《考古》1962年第1期；并参见安志敏《中国新石器时代论集》，文物出版社，1982年版，第219页。

②《新洲县香炉山新石器时代至周代遗址》，《考古学年鉴》1991年，第243页；并见《湖北武汉市阳逻香炉山遗址考古发掘纪要》，载《南方文物》1993年第1期。

差异[1]。

华南地区的民居建筑因地域不同而各具特色。闽赣交界的福建省武夷山市葫芦山遗址，1991—1993年发掘出西周时期的一个村落。这里从新石器时代晚期至西周早期均有人类聚居。西周建筑很有特点，在聚落的中心最高台基上是一座大型建筑，四面用河卵石叠砌，东西长15米，南北宽10米，高出附近地面近1米，在台基上建筑有木骨泥墙的房子；附近还分布着一些夯土台基的房址和灰坑。推测聚落中心的大房子和原始宗教祭祀活动有一定关系。

第五节 西周的雕塑艺术

>>>

西周时期，很少以雕塑艺术为建筑服务，文献和考古发现表明当时的建筑装饰基本上是以绘画形式来表现的。《礼记·明堂》载西周的大庙有"山节，藻棁，复庙，重檐，刮楹"等庙饰，是以绘画为主的；《孔子家语》说周公的像曾经绘于"明堂之墉"；郑玄注《周记》云：宫廷的虎门"画虎"，"以明勇猛于守宜也"。由此可知，西周的建筑中缺乏雕塑艺术，壁画装饰也是朴素简洁的。

西周的雕塑艺术成就最突出的是青铜器雕塑，此外是泥塑、石雕、玉雕和骨角牙蚌类的小型雕塑艺术品。青铜器上表现的雕塑艺术仍与商代一样辉煌；玉雕工艺品在贵族的墓葬中普遍有所发现；其他种类的雕塑则数量较少。这些雕塑作品，从不同侧面反映出当时社会的雕塑艺术

① 参见《中国考古学年鉴》1991、1992、1993年的"考古文物新发现"江苏省条目。

西周曾侯谏铜盉

特征和水平。

西周早期铜器是商代铜器的继续和发展。这一时期常见的青铜礼器中，食器有鼎、尊、鬲、甗、簋、盂；酒器有觚、爵、角、斝、觥、觯、尊、卣、方彝、罍、壶及陈器用的禁；水器有盘、盉等。此外还有少量的乐器和生活用品铜镜等。青铜器大多表现出雕塑工艺的高超水平。器物的铸造通用合范法，较厚重，纹饰崇尚繁缛，流行饕餮纹、夔纹、不分尾的鸟纹、蚕纹、直纹、乳钉纹等。不少器物有突起较高的扉棱和大角的兽首形附加装饰。从雕塑艺术来看，器形凝重结实，花纹庄严美观，表现出青铜艺术鼎盛阶段的风格。西周中期，随着礼制的渐趋破坏，青铜器出现简朴的趋势，早期常见的一些方鼎、觚、爵、角、斝等已减少甚至消失，列鼎和编钟开始出现。带状的花纹增多，鸟纹开始分尾，瓦纹开始盛行。到了西周晚期，铜器的造型和纹饰更加简朴，甚至铸造工艺出现粗陋的迹象，体现了礼崩乐坏的局面。从雕塑艺术的角度上看，王室的宫廷艺术已流向民间。这一阶段的鼎足几乎都是马蹄形足，繁杂诡秘的饕餮纹、夔纹、鸟纹渐绝迹，最常见的纹饰为

西周提梁卣

西周铜方彝

窃曲纹、重环纹、波带纹和瓦纹。铭文多为长篇，反映了当时的社会背景。

在西周铜器中，著名的大丰𣪘、利𣪘、何尊、令彝、宜侯夨𣪘、盂鼎、克鼎、史墙盘、毛公鼎、散氏盘和虢季子白盘等，都是工艺精湛、意义重大的器物，从不同侧面记叙了当时的政治、经济、军事和外交活动。其中1965年出土于陕西宝鸡的何尊，是西周初年第一件有明确纪年即周成王五年的铜器。这件青铜尊圆口方体，颈饰兽形蕉叶纹及蛇纹，中腹及圈足皆饰兽面纹，以雷纹为地，采用高浮雕装饰，外壁还有4条竖的扉棱，庄重典雅。这件铜器的模范，具有相当水平的雕塑技艺，器底还铸有百余字铭文，表达周成王勉励臣僚辅佐王室的训诰。陕西岐山出土的大盂鼎，高达102.1厘米，口径78.4厘米，腹径83厘米，重153.5公斤，是西周青铜礼器中的重器，口沿及足上部均饰饕餮纹，足上部有扉棱，腹内铭文291字，制作非常精美。西周中期的史

墙盘，1976年出土于陕西扶风庄白村的窖藏中，圈足，双附耳，腹饰垂冠分尾长鸟纹，圈足饰窃曲纹，均用云雷纹填地，铭文284字，雕饰艺术在周懿王时期是难得的杰作。西周晚期的毛公鼎和散氏盘、虢季子白盘，虽然纹饰已较简朴，但其造型与雕塑艺术仍表现出很高的水平。

西周的陶塑制品发现很少，虽然不能代表西周雕塑艺术的最高水平，但也表现出制陶工匠的创造性劳动。西周的陶器有鬲、簋、罐、豆、盂等，其中陶鬲和陶豆的造型变化颇具时代特征，为研究西周的历史分期提供了依据。陶器上的纹饰常以暗纹来表现，即在陶坯半干时，用骨器在陶坯表面刻画花纹，然后打磨，陶器烧成后，器表成光亮的磨光陶，所画的花纹则为暗纹，种类有弦纹、锯齿纹、网形纹、螺旋纹等。

玉石雕刻制品在西周时期成为贵族十分崇尚的陈设或饰物。在各地几乎所有奴隶主贵族的墓葬中都能见到玉石制品，一些重要的玉器已经

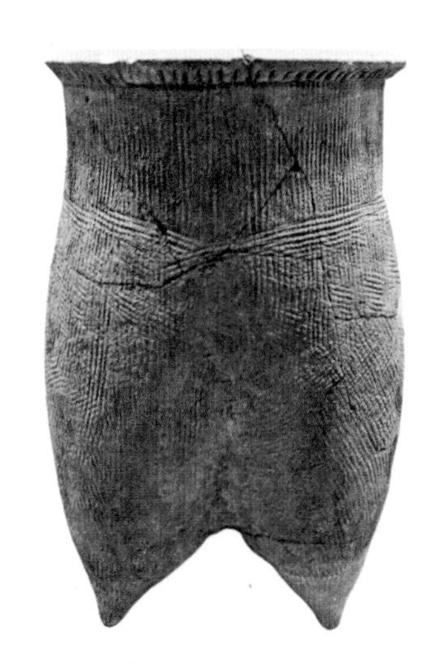

西周筒腹鬲

陶鬲是商周时期最重要的炊器，陶鬲煮食是商周时期最主要的做饭方式。

人首蛇身玉饰

此造型怪异的两件人首蛇身佩，系一块玉料抛切而成。该作品表现的有可能是伏羲、女娲的始祖形象，体现了上古社会祖先崇拜对后世的影响。

成为显示贵族地位与身份的标志。洛阳东郊出土的西周早期玉人，双手相握于腹前，头上梳双髻；甘肃灵台出土的另一件玉人，双手捧腹站立，裸身，头上有螺旋盘状发髻。同一墓地出土的还有玉雕人头，宽鼻大眼，戴高冠。这些人物雕饰品，生动传神，技艺纯熟，表明玉石雕刻已达到相当高度的成就和水平。宝鸡茹家庄出土的玉鹿、玉虎、玉牛、玉兔和夔龙、鱼、鸟、蚕、龟等，都刻画得形象逼真，充满生活情趣。

在西周的雕塑艺术中，骨角牙蚌类雕刻作品占有很大比重。反映当时骨雕艺术水平的作品，除了一些动物、花鸟雕刻外，在陕西岐山周原出土的大量甲骨文，表现出高超的微雕技巧。在1977年和1979年，该地先后发现两处甲骨窖藏，出土卜甲和卜骨1.7万余片，其中有字甲骨共292片，计有单字903个。每片甲骨上或一字或数字不等，最多的达30多个字。之后，又陆续在这一带发现一些西周甲骨，其中不少有微雕文字。周原发现的甲骨文，不仅对研究西周历史提供了十分珍贵的研究资料，而且是中国古代微雕艺术最早的实物证据。说它是微雕艺术，因为这批甲骨文与安阳殷墟的商代甲骨文不同，西周甲骨文大部分字体细小如米粒，笔细如发丝，需要用放大镜才看得清楚。其圆笔运用自如，直笔刚劲有力，结构严谨。有一块卜甲还不到3平方厘米，竟然刻有文字30多个，仅占1平方厘米左右，其精微由此可见。一般的字多在1～2毫米或4～5毫米之间，其行款间隔相当、字体大小相同，勾画无不恰到好处，充分体现了雕刻者技艺的娴熟，脑力与腕力的心手相应。此外还有不少象形字，寥寥数笔，不但形象酷肖，而且神情活现，如象形的“凤”字，似字如画，惟妙惟肖，令人观后赞叹不已。周原甲骨文的发现，有力地证明了中国微雕艺术的源远流长①。

在西周的雕塑艺术品中，陕西扶风召陈村建筑遗址出土的两件蚌雕人头像十分精美。这是两件半立雕作品，虽然高不过二三厘米，但头像均戴平顶高冠，高鼻深目大嘴，形象生动，其中一人头顶刻有“巫”

① 吴耀利《中国远古暨三代艺术史》，人民出版社1994年版，第175—176页。

字，可能是当时巫人的真实刻画。在宝鸡、长安还分别发现了蚌壳雕制的鱼、牛及象牙雕刻的匕、发笄等。北京昌平白浮村的西周墓中出土的象牙梳，梳齿极细，梳把上阴刻饕餮纹，说明蚌、牙雕刻制品在各地是普遍流行的。

后 记

这套丛书，历时八年，终于成稿。回首这八年的历程，多少感慨，尽在不言中。回想本书编撰的初衷，我觉得有以下几点意见需作一些说明。

首先，艺术需要文化的涵养与培育，或者说，没有文化之根，难立艺术之业。凡一件艺术品，是需要独特的乃至深厚的文化内涵的。故宫如此，金字塔如此，科隆大教堂如此，现代的摩天大楼更是如此。当然也需要技艺与专业素养，但充其量技艺与专业素养只能决定这个作品的风格与类型，唯其文化含量才能决定其品位与能级。

毕竟没有艺术的文化是不成熟的、不完整的文化，而没有文化的艺术，也是没有底蕴与震撼力的艺术，如果它还可以称之为艺术的话。

其次，艺术的发展需要开放的胸襟。开放则活，封闭则死。开放的心态绝非自卑自贱，但也不能妄自尊大、坐井观天：妄自尊大，等于愚昧，其后果只是自欺欺人；坐井观天，能看到几尺天，纵然你坐的可能是天下独一无二的老井，那也不过是口井罢了。所以，做绘画的，不但要知道张大千，还要知道毕加索；做建筑的，不但要知道赵州桥，还要知道埃菲尔铁塔；做戏剧的，不但要知道梅兰芳，还要知道布莱希特。我在某个地方说过，现在的中国学人，准备自己的学问，一要有中国味，追求原创性；二要补理性思维的课；三要懂得后现代。这三条做得好时，始可以称之为21世纪的中国学人。

其三，更重要的是创造。伟大的文化正如伟大的艺术，没有创造，将一事无成。中国传统文化固然伟大，但那光荣是属于先人的。

21世纪的中国正处在巨大的历史转变时期。21世纪的中国正面临着史无前例的历史性转变，在这个大趋势下，举凡民族精神、民族传统、民族风格，乃至国民性、国民素质，艺术品性与发展方向都将发生巨大的历史性嬗变。一句话，不但中国艺术将重塑，而且中国传统都将凤凰涅槃。

站在这样的历史关头，我希望，这一套凝聚着撰写者、策划者、编辑者与出版者无数心血的丛书，能够成为关心中国文化与艺术的中外朋友们的一份礼物。我们奉献这礼物的初衷，不仅在于回首既往，尤其在于企盼未来。

希望有更多的尝试者、欣赏者、评论者与创造者也能成为未来中国艺术的史中人。

史仲文